江苏省大宗农作物生产气象服务手册

徐　敏　高　苹　主编

内容简介

本书主要介绍了近年来江苏省冬小麦、油菜、水稻、玉米、大豆等大宗农作物的产量和种植面积，各生育期气象服务指标和生育阶段特点，低温灾害、高温热害、渍涝害、农业干旱、干热风、病害、虫害、烂场雨等主要农业气象灾害的气象服务指标和抗灾救灾措施，播种、施肥、灌水、打药等关键农事活动的气象服务指标，农作物种植制度和生产时间、病虫害防治时间、施肥时间及逐月气象服务重点，全生育期内积温、总降水量、总日照时数的气候平均值。本书可供农业气象业务人员、农技推广人员、植物保护工作者、广大种植户、农业大专院校师生等参考使用。

图书在版编目（CIP）数据

江苏省大宗农作物生产气象服务手册 / 徐敏，高苹主编. -- 北京 : 气象出版社，2023.3
ISBN 978-7-5029-7910-2

Ⅰ. ①江… Ⅱ. ①徐… ②高… Ⅲ. ①作物－农业气象－气象服务－江苏－手册 Ⅳ. ①S165-62

中国国家版本馆CIP数据核字(2023)第046396号

江苏省大宗农作物生产气象服务手册

Jiangsu Sheng Dazong Nongzuowu Shengchan Qixiang Fuwu Shouce

出版发行：气象出版社
地　　址：北京市海淀区中关村南大街46号　　**邮政编码**：100081
电　　话：010-68407112(总编室)　010-68408042(发行部)
网　　址：http://www.qxcbs.com　　**E-mail**：qxcbs@cma.gov.cn
责任编辑：张　媛　　**终　　审**：张　斌
责任校对：张硕杰　　**责任技编**：赵相宁
封面设计：艺点设计
印　　刷：北京中石油彩色印刷有限责任公司
开　　本：710 mm×1000 mm　1/16　　**印　　张**：8
字　　数：166千字
版　　次：2023年3月第1版　　**印　　次**：2023年3月第1次印刷
定　　价：50.00元

《江苏省大宗农作物生产气象服务手册》
编委会

主　　编： 徐　敏　高　苹

副 主 编： 杜永林

编写成员： 郭安红　郭　冰　徐经纬　王纯枝　徐　萌　张仁祖　项　瑛　刘　寅　江晓东　钱　拴　买　苗　王　瑞　吴洪颜

序

粮食安全是国家安全的重要基础。党的十八大以来，习近平总书记高度重视粮食安全问题。早在2013年中央经济工作会议上，习近平总书记就强调，要依靠自己保口粮，集中国内资源保重点，做到谷物基本自给、口粮绝对安全，把饭碗牢牢端在自己手上。从2005年开始，中央“一号文件”中连续多年对气象为农服务提出要求，要发挥气象科技对农业生产的支撑和保障作用，加强粮食生产气象服务，是党和国家赋予气象部门的职责。

江苏是经济大省，也是农业大省，粮食综合产能在持续提升。为进一步提升农业气象服务能力，该书作者全面梳理了江苏省冬小麦、油菜、水稻、玉米、大豆等大宗农作物的种植结构、各生育期气象服务指标、主要农业气象灾害服务指标、关键农事活动气象服务指标、逐月气象服务重点、全生育期内农业气候资源。农业气象指标部分是本书的重点，因为它是气象部门开展农业气象业务服务的重要基础。可靠的指标是准确评估气象条件对粮食生产影响，科学指导农业生产，增强气象服务能力，保障国家粮食安全的基础；是提高农业气象灾害监测预警水平，开展定量准确的气象灾害监测、预报、评估与风险分析，提高农业防灾减灾能力的基础；是准确评估当前气候条件对农业生产的影响，有针对性地提供决策气象服务，农业适应气候变化的基础；是种植结构合理布局、农业精准化作业、品种改良与换代、农作物栽培技术改进，针对高产、优质、高效的现代农业生产开展农业气象业务服务的基础。本书作者通过凝练近年来的科研成果、咨询农业专家、查阅文献资料等多种方式，整理完善了农业气象灾害指标、农作物适宜生长指标、关键农事活动指标等多类气象服务指标。

本书可为江苏省大宗农作物生产提供强有力的技术支撑和气象服务。相信这本书会成为大宗农作物生产气象服务研究者和工作者的参谋和益友。

江苏省气象局副局长 唐红昇

2022年12月

前　言

粮食生产与天气气候条件密切相关，生产者能够根据天气气候条件，科学、合理地安排和管理粮食生产提高粮食产能。粮食生产的播种、灌溉、施肥、病虫害防治、收获等各个环节，均迫切需要提供准确及时、科学有效的气象服务。为了促进粮食生产由“靠天吃饭”向“看天管理”转变，该书作者全面梳理了江苏冬小麦、油菜、水稻、玉米、大豆等大宗农作物的种植结构、各生育期气象服务指标、主要农业气象灾害服务指标、关键农事活动气象服务指标、逐月气象服务重点、全生育期内农业气候资源。其中农业气象指标部分是该书重点，因为农业气象指标是衡量农业气象条件利弊的尺度，是农业精准化作业与信息化的科学依据和重要内容，对带动常规农业技术升级、科学指导农业生产具有重要意义。

全书共 6 章，第 1 章给出了近年来江苏冬小麦、油菜、水稻、玉米、大豆等粮油作物的产量和种植面积；第 2 章详细介绍了这 5 种大宗农作物各生育期气象服务指标及各生育阶段特点、物候历；第 3 章着重介绍了低温灾害、高温热害、渍涝害、农业干旱、干热风、病害、虫害、烂场雨等主要农业气象灾害的气象服务指标和抗灾救灾措施；第 4 章介绍了播种、施肥、灌水、打药等关键农事活动的气象服务指标；第 5 章介绍了农作物种植制度和生产时间、病虫害防治时间、施肥时间，并逐月介绍了作物适宜的气象条件、不利气象条件、主要气象灾害及农事建议；第 6 章介绍了冬小麦、油菜、水稻、玉米、大豆 5 种农作物 1991—2020 年全生育期内积温、总降水量、总日照时数的气候平均值。

书中着重介绍的大宗农作物各生育期气象指标、主要农业气象灾害服务指标、主要农事活动气象服务指标，主要来自于气象与农业部门的科研成果及实际生产经验。为了更好地开展农业气象服务，对气象服务指标和农业防灾抗灾措施等进行了归纳、整理，编撰成书。书中难免有疏漏或欠缺之处，敬请读者批评指正，同时衷心感谢为本书作出贡献的农业专家和同仁及所引用的参考文献原作者。

作者

2022 年 11 月

目　　录

第 1 章 江苏省大宗农作物种植结构

1.1 江苏省种植业发展概况

江苏是经济大省,也是农业大省,粮食综合产能在持续提升,2021 年面积 8141.3 万亩[①],居全国第 9 位;总产 374.61 亿 kg,居全国第 8 位,连续 8 年稳定在 350 亿 kg 以上;单产 460.1 kg/亩,居全国第 5 位,主产省排第 3 位。2021 年优良食味水稻 1660 万亩,占比近 5 成,优质高产专用小麦品种超 90%,高效技术模式加快应用,绿色发展实现关键转折。质量品牌建设不断提升,产业发展载体逐步壮大,2020 年全省种植业总产值达 4102.2 亿元,比 2015 年增长 10.2%。

江苏地处亚热带与暖温带的过渡区,生态条件兼南北之利,水稻品种类型丰富多样,籼、粳、糯稻齐全,早、中、晚熟配套。江苏省是水稻生产大省,常年种植面积在 3300 万亩左右,居全国第 6 位,总产居全国第 4 位,主产省单产第 1 位,是我国南方最大的粳稻生产省。"十三五"期间,江苏水稻优质化步伐进展明显。2021 年,全省优良食味水稻品种种植面积 1660 万亩,较上年增加 160 多万亩,占比超过一半。2021 年,江苏省有 16 个粳稻超级稻品种,占比 58.6%;超级稻种植面积 991.5 万亩,约占 30%,全省水稻商品良种覆盖率达 90%。水稻集中育秧、毯苗(钵苗)机插、秸秆机械还田稻作、稻田种养结合等技术模式不断集成配套,为水稻规模化、机械化、绿色化、高效化生产提供了有力支撑。

小麦是世界上最重要的农作物之一,在江苏,小麦是仅次于水稻的第二大粮食作物。2011—2021 年江苏小麦年播种面积稳定在 3200 万亩以上,占粮食作物总面积的 40%,总产 1000 万 t 以上,占粮食总产的 30%。2021 年小麦面积 3536.8 万亩,亩产 379.5 kg,总产 134.22 亿 kg,全省夏粮面积和总产均占全国夏粮的 9.5%左右。以淮河及苏北灌溉总渠为界,江苏小麦可分为淮南和淮北两大麦区,面积约各占一半。淮北地区品种类型为半冬性白皮小麦,属我国黄淮冬麦区,产量水平较高,质量水平较高;淮南地区品种类型为春性红皮小麦,属我国长江中下游冬麦区,其中苏中地区产量水平较高,苏南地区产量水平较低。

---

① 1 亩 $=1/15\ hm^2$,下同。

玉米是江苏第三大粮食作物。江苏处于南方丘陵玉米区和黄淮海夏玉米区交汇处，多年来形成了苏南和苏中以鲜食玉米为主、苏北以普通玉米为主的种植布局。其中，鲜食玉米年种植面积 150 万亩(95%为糯玉米)，占全国第 3 位，在特粮特经产业中占据着重要地位，是轮作换茬多元多熟的核心作物。青贮玉米 50 万亩，粒用玉米 600 万亩，为养殖业提供了优质饲料。种植面积超过 20 万亩有丰县、邳州、东台、铜山、泗洪、睢宁、大丰、新沂、启东、东海、沛县、沭阳、滨海 13 个县(市、区)。

江苏省油料作物主要有油菜、花生，芝麻、向日葵零星种植，大豆兼作油料。2011—2018 年江苏省油料作物种植面积大幅调减，2019—2020 年处于低谷企稳阶段。

江苏省豆类作物主要为大豆、蚕豆、绿豆、红小豆、豌豆等。近年来，江苏省豆类作物总体种植面积处于趋稳状态。大豆是植物蛋白和食用植物油的主要来源，在江苏省居民饮食消费中占有重要地位。2020 年江苏省启动实施苏豆振兴计划，大豆产能实现恢复性增加。2020 年播种面积为 294.6 万亩，居全国第 8 位，较上年恢复增加；单产 176.3 kg/亩，居主产省首位；产量 51.9 万 t，居全国第 7 位。其中干籽粒以高蛋白大豆为主，约占 60%；鲜食春大豆、夏大豆合计约占 40%。省内基本形成淮北(徐州、淮安、连云港)高蛋白大豆、苏中(南通、泰州、盐城、扬州)鲜食大豆的产业优势区域，启东市、海门区的夏秋鲜食大豆、高邮市的黑大豆、灌云县的豆丹大豆、邳州市的露地鲜食大豆等在省内外享有一定盛誉。

1.2 2016—2020 年江苏省粮食总产和种植面积[①]

2016—2020 年江苏夏粮、秋粮、全年粮食的总产和种植面积及其占比见表 1.1，表 1.2。

表 1.1 2016—2020 年江苏粮食总产结构

年份	类型	全年粮食	夏粮		秋粮			
			合计	冬小麦	合计	水稻	玉米	大豆
2016	总产	3542.4	1293.2	1245.8	2249.2	1898.9	284.4	46.0
	比例	100.0	36.5	35.2	63.5	53.6	8.0	1.3
2017	总产	3610.8	1335.8	1295.5	2275.0	1892.6	318.1	45.0
	比例	100.0	37.0	35.9	63.0	52.4	8.8	1.2
2018	总产	3660.3	1326.4	1289.1	2333.9	1958.0	299.9	49.1
	比例	100.0	36.2	35.2	63.8	53.5	8.2	1.3
2019	总产	3706.2	1356.6	1317.5	2349.6	1959.6	311.1	51.3
	比例	100.0	36.6	35.6	63.4	52.9	8.4	1.4
2020	总产	3729.1	1373.8	1333.9	2355.3	1965.7	308.3	51.9
	比例	100.0	36.8	35.8	63.2	52.7	8.3	1.4

注：总产的单位为万 t；占全年粮食总产比例的单位为%。

① 第 1.2 节至第 1.7 节的数据来自《江苏省农村统计年鉴》。

表 1.2　2016—2020 年江苏粮食面积结构

年份	类型	全年粮食	夏粮		秋粮			
			合计	冬小麦	合计	水稻	玉米	大豆
2016	面积	558.33	255.14	243.68	303.19	225.63	54.02	19.69
	比例	100.0	45.7	43.6	54.3	40.4	9.7	3.5
2017	面积	552.73	251.42	241.28	301.31	223.77	54.32	19.44
	比例	100.0	45.5	43.7	54.5	40.5	9.8	3.5
2018	面积	547.59	250.15	240.40	297.44	221.47	51.58	19.38
	比例	100.0	45.7	43.9	54.3	40.4	9.4	3.5
2019	面积	538.15	245.11	234.69	293.04	218.43	50.42	19.18
	比例	100.0	45.5	43.6	54.5	40.6	9.4	3.6
2020	面积	540.56	244.42	233.89	296.15	220.28	50.98	19.64
	比例	100.0	45.2	43.3	54.8	40.8	9.4	3.6

注：面积的单位为万 hm^2；占全年粮食种植面积比例的单位为%。

1.3　2011—2020 年冬小麦产量和种植面积

2011—2020 年江苏 13 个市冬小麦总产、单产、种植面积分别见表 1.3—表 1.5。

表 1.3　2011—2020 年江苏 13 个市冬小麦总产　单位：万 t

产区	2011 年	2012 年	2013 年	2014 年	2015 年	2016 年	2017 年	2018 年	2019 年	2020 年
徐州	183.9	205.1	189.4	203.4	205.8	208.6	208.2	204.3	210.7	211.8
连云港	126.7	138.2	136.0	141.2	141.2	143.9	143.9	139.7	141.9	146.0
宿迁	145.1	158.8	155.0	164.4	162.6	164.5	166.8	162.9	166.0	170.1
淮安	166.6	160.8	172.6	180.5	182.1	176.1	180.6	180.3	181.9	184.1
盐城	184.4	177.0	202.9	219.9	231.4	223.3	243.3	231.1	234.8	239.3
南通	98.2	96.3	99.1	102.5	106.6	101.0	104.7	103.5	105.3	106.7
扬州	107.9	102.5	108.0	110.0	109.3	99.9	97.9	99.8	98.5	100.6
泰州	109.8	106.6	109.7	111.9	111.0	102.2	104.3	103.4	101.5	100.6
南京	20.6	24.4	25.2	23.8	24.1	24.1	23.8	26.1	22.2	20.5
无锡	26.3	26.4	26.1	25.1	24.0	18.1	16.5	18.7	17.9	12.8
常州	29.5	29.6	30.4	30.6	28.9	23.0	18.9	20.0	17.4	15.2
苏州	33.2	35.5	35.5	36.1	35.2	27.3	26.2	23.5	21.3	21.2
镇江	32.7	34.0	35.1	36.2	35.2	32.5	32.3	31.3	24.8	23.3

数据来源：《江苏省农村统计年鉴》，表中全省合计是江苏省农调队通过全省采样点后统计得到的，而 13 个市的数据是各个地市上报的，故两者之间存在一定的偏差，下同。

表 1.4　2011—2020 年江苏 13 个市冬小麦单产　　单位：kg/hm²

产区	2011 年	2012 年	2013 年	2014 年	2015 年	2016 年	2017 年	2018 年	2019 年	2020 年
徐州	5634	5963	5552	5855	5778	5797	5877	5807	6004	5999
连云港	5678	5984	5737	5901	5909	5910	5950	5816	5871	5911
宿迁	5352	5789	5520	5792	5633	5611	5744	5612	5705	5749
淮安	5717	5428	5669	5849	5774	5535	5725	5672	5781	5829
盐城	5706	5282	5691	5930	5936	5532	5829	5758	5804	5835
南通	5835	5703	5841	5906	5918	5458	5572	5594	5607	5663
扬州	6152	5701	5934	6019	5979	5549	5620	5579	5696	5762
泰州	6152	5879	6045	6139	6150	5645	5838	5878	5906	5956
南京	4524	4979	5175	5243	5257	4937	4965	4910	4971	5069
无锡	5394	5385	5455	5431	5467	4354	4264	4741	4875	5021
常州	4867	5074	5256	5368	5351	4616	4609	4640	4814	4952
苏州	5024	5184	5264	5340	5355	4288	4445	4616	4705	4852
镇江	4858	4936	5062	5223	5118	4741	4896	4963	5085	5191

表 1.5　2011—2020 年江苏 13 个市冬小麦种植面积　　单位：万 hm²

产区	2011 年	2012 年	2013 年	2014 年	2015 年	2016 年	2017 年	2018 年	2019 年	2020 年
徐州	32.65	34.40	34.11	34.74	35.62	35.99	35.43	35.19	35.09	35.31
连云港	22.32	23.10	23.70	23.92	23.90	24.35	24.19	24.02	24.18	24.69
宿迁	27.12	27.44	28.07	28.39	28.86	29.31	29.04	29.02	29.09	29.58
淮安	29.15	29.63	30.44	30.86	31.54	31.82	31.55	31.79	31.47	31.57
盐城	32.31	33.51	35.66	37.08	38.98	40.36	41.74	40.13	40.46	41.02
南通	16.83	16.89	16.97	17.36	18.01	18.50	18.79	18.50	18.78	18.85
扬州	17.53	17.97	18.20	18.28	18.29	18.00	17.42	17.90	17.30	17.46
泰州	17.85	18.14	18.15	18.23	18.05	18.11	17.87	17.58	17.19	16.89
南京	4.55	4.90	4.87	4.54	4.59	4.89	4.79	5.31	4.47	4.05
无锡	4.88	4.90	4.79	4.62	4.38	4.15	3.87	3.94	3.67	2.55
常州	6.05	5.84	5.79	5.70	5.40	4.98	4.11	4.32	3.61	3.07
苏州	6.61	6.84	6.75	6.76	6.58	6.37	5.88	5.10	4.53	4.37
镇江	6.72	6.88	6.93	6.94	6.88	6.86	6.59	6.30	4.87	4.49

1.4　2011—2020 年油菜产量和种植面积

2011—2020 年江苏 13 个市油菜总产、单产、种植面积分别见表 1.6、表 1.7、表 1.8。

表 1.6　2011—2020 年江苏 13 个市油菜总产　单位:万 t

产区	2011 年	2012 年	2013 年	2014 年	2015 年	2016 年	2017 年	2018 年	2019 年	2020 年
徐州	0.9	0.8	0.5	0.4	0.3	0.3	0.2	0.2	0.4	0.4
连云港	0.3	0.3	0.2	0.2	0.2	0.2	0.1	0.1	0.3	0.4
淮安	4.9	5.0	4.9	4.8	4.6	4.9	3.1	2.9	3.1	3.3
宿迁	0.8	0.7	0.5	0.4	0.5	0.4	0.2	0.3	0.3	0.4
盐城	24.3	26.4	27.0	25.4	29.7	20.4	11.5	10.6	10.2	11.0
扬州	6.5	6.9	7.0	6.9	8.2	6.3	3.7	3.5	4.1	4.5
泰州	8.1	8.9	9.6	9.6	12.8	9.3	5.6	5.9	6.6	6.7
南通	31.8	30.9	32.9	31.4	30.9	27.6	16.2	14.2	15.6	15.8
南京	9.6	9.8	9.9	10.6	10.0	6.7	3.4	2.9	3.2	2.8
镇江	4.0	5.2	5.4	5.5	5.4	5.4	3.0	2.9	3.8	3.1
常州	2.9	3.4	3.9	3.9	3.3	3.1	1.7	1.3	1.6	1.5
无锡	0.8	0.7	0.8	0.7	0.7	0.6	0.4	0.4	0.6	0.6
苏州	2.7	2.4	2.3	1.9	1.5	1.2	0.7	0.5	0.7	0.7

表 1.7　2011—2020 年江 13 个各市油菜单产　单位:kg/hm^2

产区	2011 年	2012 年	2013 年	2014 年	2015 年	2016 年	2017 年	2018 年	2019 年	2020 年
徐州	2620	2391	2102	2162	2206	2325	2277	2340	2378	2413
连云港	2298	2311	2317	2336	2408	2405	2399	2412	2388	2452
淮安	2273	2371	2475	2571	2607	2645	2658	2739	2780	2833
宿迁	1883	2120	2233	2265	2322	2362	2313	2371	2452	2519
盐城	2474	2773	2977	2992	3735	3009	2954	3008	3043	3037
扬州	2393	2686	2733	2762	3415	2763	2769	2801	2873	2926
泰州	2214	2510	2626	2699	3467	2703	2693	2700	2757	2824
南通	2951	2938	3132	3120	3241	3158	3194	3230	3266	3334
南京	2088	2352	2421	2475	2513	2432	2397	2413	2473	2498
镇江	1602	2185	2292	2392	2441	2486	2514	2571	2625	2687
常州	1864	2197	2358	2413	2477	2352	2418	2440	2562	2601
无锡	1898	2021	2161	2261	2266	2198	2222	2334	2461	2542
苏州	2478	2555	2610	2604	2608	2468	2515	2481	2509	2527

表 1.8 2011—2020 年江苏 13 个市油菜种植面积 单位:万 hm^2

产区	2011 年	2012 年	2013 年	2014 年	2015 年	2016 年	2017 年	2018 年	2019 年	2020 年
徐州	0.36	0.32	0.25	0.17	0.15	0.14	0.07	0.09	0.17	0.16
连云港	0.11	0.11	0.11	0.10	0.09	0.09	0.06	0.05	0.11	0.16
淮安	2.16	2.10	1.98	1.85	1.77	1.84	1.16	1.06	1.12	1.18
宿迁	0.40	0.32	0.22	0.18	0.21	0.18	0.10	0.12	0.14	0.16
盐城	9.84	9.53	9.07	8.50	7.94	6.78	3.91	3.51	3.34	3.61
扬州	2.73	2.57	2.57	2.50	2.40	2.29	1.33	1.23	1.42	1.55
泰州	3.64	3.53	3.65	3.57	3.71	3.44	2.06	2.20	2.38	2.36
南通	10.77	10.50	10.50	10.07	9.52	8.75	5.07	4.38	4.78	4.74
南京	4.58	4.15	4.10	4.29	3.97	2.75	1.42	1.21	1.28	1.12
镇江	2.48	2.39	2.37	2.31	2.21	2.19	1.21	1.13	1.43	1.14
常州	1.56	1.57	1.67	1.60	1.35	1.32	0.70	0.55	0.62	0.57
无锡	0.43	0.37	0.36	0.33	0.30	0.30	0.19	0.16	0.24	0.24
苏州	1.10	0.95	0.88	0.73	0.56	0.50	0.26	0.21	0.30	0.28

1.5 2011—2020 年水稻产量和种植面积

2011—2020 年江苏 13 个市水稻总产、单产、种植面积分别见表 1.9、表 1.10、表 1.11。

表 1.9 2011—2020 年江苏 13 个市水稻总产 单位:万 t

产区	2011 年	2012 年	2013 年	2014 年	2015 年	2016 年	2017 年	2018 年	2019 年	2020 年
徐州	79.8	81.6	81.3	80.3	79.8	77.5	75.9	74.7	69.7	70.8
连云港	52.2	51.3	49.4	47.6	43.9	39.6	39.4	36.9	35.3	36.0
宿迁	155.9	158.4	155.9	156.9	157.0	150.7	151.1	151.9	154.3	154.0
淮安	78.4	76.8	76.5	74.7	71.8	63.5	58.5	54.6	49.1	49.3
盐城	76.1	75.7	72.4	70.1	68.8	65.6	63.2	62.1	63.9	65.6
南通	162.4	164.0	162.2	161.4	163.3	162.0	161.9	161.8	164.2	165.0
扬州	179.6	182.5	184.0	183.0	183.0	188.8	191.1	190.7	190.7	189.2
泰州	251.2	259.1	259.4	259.1	264.0	272.3	277.3	277.1	282.0	281.8
南京	325.7	335.0	336.3	346.6	353.7	367.9	370.1	375.5	380.8	379.7

续表

产区	2011年	2012年	2013年	2014年	2015年	2016年	2017年	2018年	2019年	2020年
无锡	183.3	192.3	191.9	191.3	192.3	187.2	181.5	179.4	178.9	178.2
常州	82.0	83.7	83.3	82.2	82.0	76.7	73.3	70.1	64.7	65.7
苏州	180.8	184.5	184.3	183.2	184.3	174.9	173.3	172.2	168.0	167.9
镇江	178.5	184.3	184.5	185.8	190.6	195.7	194.3	192.8	195.7	194.4

表1.10　2011—2020年江苏13个市水稻单产　　单位：kg/hm^2

产区	2011年	2012年	2013年	2014年	2015年	2016年	2017年	2018年	2019年	2020年
徐州	8441	8682	8699	8670	8719	8527	8611	8670	8733	8656
连云港	8967	9121	9118	9098	9146	8788	8725	8952	9175	9150
宿迁	8315	8428	8278	8388	8448	8365	8475	8487	8639	8593
淮安	9419	9507	9629	9614	9652	9258	9296	9354	9413	9334
盐城	9162	9255	9302	9280	9322	9154	9112	9131	9267	9215
南通	9268	9500	9502	9475	9511	9274	9308	9333	9409	9361
扬州	9052	9116	9116	8947	8702	9019	9015	9033	9107	9035
泰州	8739	8909	8850	8850	8791	8837	8857	8908	9032	8928
南京	9216	9420	9327	9288	9293	9258	9271	9287	9376	9295
无锡	8832	9237	9210	9163	9244	9059	9067	9129	9278	9214
常州	9057	9177	9128	9097	9134	8981	9016	9087	9158	9091
苏州	9144	9331	9343	9310	9363	9156	9273	9332	9476	9402
镇江	8464	8706	8634	8649	8696	8605	8550	8602	8767	8663

表1.11　2011—2020年江苏13个市水稻面积　　单位：万hm^2

产区	2011年	2012年	2013年	2014年	2015年	2016年	2017年	2018年	2019年	2020年
徐州	9.45	9.4	9.34	9.26	9.16	9.09	8.82	8.61	7.98	8.18
连云港	5.82	5.62	5.42	5.24	4.80	4.50	4.51	4.12	3.85	3.94
宿迁	18.75	18.83	18.83	18.70	18.59	18.02	17.83	17.90	17.86	17.92
淮安	8.33	8.08	7.95	7.77	7.44	6.86	6.29	5.84	5.21	5.28
盐城	8.31	8.18	7.78	7.55	7.38	7.17	6.94	6.81	6.90	7.12
南通	17.52	17.27	17.07	17.03	17.17	17.46	17.39	17.34	17.45	17.62
扬州	19.84	20.02	20.18	20.46	21.03	20.94	21.2	21.12	20.94	20.94
泰州	28.75	29.08	29.31	29.27	30.03	30.81	31.31	31.1	31.22	31.56

续表

产区	2011 年	2012 年	2013 年	2014 年	2015 年	2016 年	2017 年	2018 年	2019 年	2020 年
南京	35.34	35.56	36.05	37.32	38.06	39.73	39.92	40.44	40.62	40.85
无锡	20.75	20.81	20.84	20.87	20.81	20.67	20.02	19.66	19.29	19.34
常州	9.05	9.12	9.13	9.04	8.98	8.54	8.14	7.72	7.07	7.23
苏州	19.77	19.77	19.72	19.68	19.69	19.10	18.69	18.45	17.73	17.86
镇江	21.08	21.16	21.37	21.48	21.92	22.74	22.72	22.42	22.33	22.44

1.6 2011—2020 年玉米产量和种植面积

2011—2020 年江苏 13 个市玉米总产、单产、种植面积分别见表 1.12、表 1.13、表 1.14。

表 1.12 2011—2020 年江苏 13 个市玉米总产 单位:万 t

产区	2011 年	2012 年	2013 年	2014 年	2015 年	2016 年	2017 年	2018 年	2019 年	2020 年
南京	6.0	5.6	5.2	5.4	5.7	4.1	3.7	3.2	2.2	3.5
无锡	0.2	0.2	0.2	0.2	0.1	0.2	0.2	0.2	0.3	0.3
徐州	92.8	93.3	95.5	110.6	117.7	117.0	131.0	117.0	124.0	123.6
常州	1.3	1.3	1.3	1.3	1.1	1.2	1.1	0.9	0.7	1.6
苏州	1.2	1.3	0.9	0.9	0.9	0.8	0.8	0.7	0.6	0.6
南通	29.5	32.3	33.7	34.9	36.3	36.3	39.2	36.2	35.3	34.4
连云港	27.9	27.0	24.0	28.6	29.3	29.8	29.0	28.8	29.0	28.1
淮安	17.7	19.9	16.9	17.7	18.4	18.3	17.6	15.3	15.4	15.4
盐城	58.3	65.5	60.9	74.4	77.6	71.7	70.1	68.4	68.4	66.5
扬州	1.2	1.2	1.1	1.1	1.2	1.2	1.2	1.0	1.1	1.2
镇江	2.7	3.2	2.8	2.7	3.1	3.4	3.1	2.9	3.1	3.3
泰州	5.9	6.5	5.1	5.2	6.0	5.2	4.6	3.3	3.2	3.9
宿迁	32.9	36.7	32.1	37.5	39.4	39.8	39.7	40.3	41.5	39.2

表 1.13 2011—2020 年江苏 13 个市玉米单产 单位:kg/hm^2

产区	2011 年	2012 年	2013 年	2014 年	2015 年	2016 年	2017 年	2018 年	2019 年	2020 年
南京	6787	6583	6194	6348	6375	6271	6660	6507	6561	6436
无锡	3976	4374	4051	4051	4126	4002	4069	4150	4521	4473
徐州	6075	6161	5828	5968	6037	5948	6447	5983	6491	6357
常州	6961	7017	6919	7114	7490	7129	7151	7062	6171	5994

续表

产区	2011年	2012年	2013年	2014年	2015年	2016年	2017年	2018年	2019年	2020年
苏州	7344	7422	6059	6071	6095	6102	5918	6011	6067	5732
南通	6381	6689	6347	6519	6534	6398	6511	6577	6638	6546
连云港	6911	6751	6216	6397	6435	6308	6319	6380	6519	6401
淮安	5519	6194	5284	5390	5510	5463	5429	5442	5584	5421
盐城	6264	7080	6636	6811	6804	6626	6607	6720	6848	6717
扬州	6327	5865	5398	5444	5657	5608	5447	5382	5507	5525
镇江	5436	6135	5513	5917	6089	5627	5484	5806	5935	5795
泰州	7342	7803	6642	6841	6907	6749	6758	6817	6806	6732
宿迁	5863	5965	5235	5557	5670	5543	5512	5716	5914	5779

表1.14 2011—2020年江苏13个市玉米种植面积 单位:万 hm^2

产区	2011年	2012年	2013年	2014年	2015年	2016年	2017年	2018年	2019年	2020年
南京	0.88	0.85	0.84	0.86	0.89	0.65	0.55	0.49	0.33	0.54
无锡	0.05	0.05	0.04	0.04	0.02	0.05	0.05	0.05	0.06	0.07
徐州	15.27	15.14	16.39	18.54	19.5	19.67	20.31	19.56	19.10	19.45
常州	0.19	0.19	0.19	0.19	0.14	0.16	0.16	0.13	0.11	0.27
苏州	0.16	0.18	0.15	0.15	0.15	0.14	0.14	0.11	0.11	0.11
南通	4.62	4.83	5.31	5.36	5.55	5.68	6.02	5.50	5.31	5.26
连云港	4.03	3.99	3.86	4.46	4.55	4.72	4.59	4.51	4.45	4.39
淮安	3.21	3.21	3.19	3.29	3.35	3.35	3.25	2.81	2.77	2.84
盐城	9.30	9.26	9.18	10.93	11.41	10.83	10.60	10.17	9.98	9.89
扬州	0.19	0.20	0.21	0.20	0.21	0.22	0.21	0.19	0.20	0.22
镇江	0.50	0.51	0.51	0.46	0.51	0.60	0.56	0.50	0.52	0.57
泰州	0.80	0.84	0.77	0.75	0.87	0.76	0.68	0.49	0.47	0.58
宿迁	5.61	6.16	6.12	6.75	6.95	7.18	7.20	7.04	7.01	6.78

1.7 2011—2020年大豆产量和种植面积

2011—2020年江苏13个市大豆总产、单产、种植面积分别见表1.15、表1.16、表1.17。

表 1.15　2011—2020 年江苏 13 个市大豆总产　单位:万 t

产区	2011 年	2012 年	2013 年	2014 年	2015 年	2016 年	2017 年	2018 年	2019 年	2020 年
南京	1.29	1.28	1.17	1.16	1.29	1.13	0.97	1.05	0.85	1.08
无锡	1.03	1.17	1.00	1.10	1.04	0.58	0.51	0.41	0.54	0.69
徐州	10.11	9.44	8.03	8.40	8.51	5.35	7.00	8.74	9.96	9.77
常州	1.26	1.22	1.11	1.09	1.07	1.03	0.85	0.85	0.73	0.93
苏州	1.27	0.84	0.74	0.76	0.81	1.56	1.30	0.82	0.61	0.55
南通	13.99	14.08	13.55	13.24	13.06	15.13	15.16	14.64	14.48	13.90
连云港	3.64	2.96	2.50	1.90	1.85	0.88	0.87	1.03	1.46	1.60
淮安	5.04	4.80	4.61	4.66	4.73	4.56	4.40	4.50	4.36	4.39
盐城	11.32	10.27	7.93	7.49	7.27	9.35	8.83	7.73	7.87	7.96
扬州	5.27	5.26	5.06	5.32	5.44	4.56	4.38	4.43	4.49	4.26
镇江	1.28	1.38	1.22	1.22	1.21	1.19	1.14	1.25	1.21	1.37
泰州	5.21	5.33	4.91	4.88	5.16	4.65	4.14	3.61	3.61	3.64
宿迁	4.62	3.71	3.15	3.30	3.41	2.00	1.96	2.42	2.50	2.88

表 1.16　2011—2020 年江苏 13 个市大豆单产　单位:kg/hm^2

产区	2011 年	2012 年	2013 年	2014 年	2015 年	2016 年	2017 年	2018 年	2019 年	2020 年
南京	2710	2718	2639	2661	2656	2426	2521	2611	2656	2632
无锡	3159	3541	3402	3578	3567	3196	2993	3259	3344	3366
徐州	2642	2499	2338	2591	2676	2647	2668	2476	2677	2632
常州	2938	2943	2962	3007	3137	3141	3008	3261	2895	2843
苏州	4594	3606	3590	3683	3684	3841	3474	3231	3344	3283
南通	2441	2539	2452	2483	2492	2360	2424	2494	2554	2486
连云港	2963	2817	2647	2741	2894	2655	2706	2805	2891	2852
淮安	2742	2857	2726	2833	2934	2788	2803	2850	2938	2852
盐城	3002	2876	2657	2638	2650	2517	2501	2534	2626	2608
扬州	3649	3640	3414	3389	3446	3340	3380	3372	3461	3382
镇江	2727	2935	3020	3059	3098	2828	2749	2874	2637	2611
泰州	2957	3151	3059	3091	3173	2982	3002	3025	2998	3014
宿迁	2250	2267	2014	2207	2261	2361	2334	2439	2700	2671

表 1.17　2011—2020 年江苏 13 个市大豆种植面积　　单位：万 hm^2

产区	2011 年	2012 年	2013 年	2014 年	2015 年	2016 年	2017 年	2018 年	2019 年	2020 年
南京	0.48	0.47	0.44	0.44	0.49	0.47	0.38	0.40	0.32	0.41
无锡	0.33	0.33	0.30	0.31	0.29	0.18	0.17	0.13	0.16	0.21
徐州	3.83	3.78	3.43	3.24	3.18	2.02	2.62	3.53	3.72	3.71
常州	0.43	0.42	0.38	0.36	0.34	0.33	0.28	0.26	0.25	0.33
苏州	0.28	0.23	0.21	0.21	0.22	0.41	0.37	0.25	0.18	0.17
南通	5.73	5.55	5.52	5.33	5.24	6.41	6.25	5.87	5.67	5.59
连云港	1.23	1.05	0.95	0.69	0.64	0.33	0.32	0.37	0.51	0.56
淮安	1.84	1.68	1.69	1.65	1.61	1.64	1.57	1.58	1.48	1.54
盐城	3.77	3.57	2.98	2.84	2.75	3.72	3.53	3.05	3.00	3.05
扬州	1.44	1.45	1.48	1.57	1.58	1.36	1.30	1.32	1.30	1.26
镇江	0.47	0.47	0.41	0.40	0.39	0.42	0.42	0.43	0.46	0.53
泰州	1.76	1.69	1.61	1.58	1.63	1.56	1.38	1.19	1.20	1.21
宿迁	2.05	1.64	1.56	1.49	1.51	0.85	0.84	0.99	0.93	1.08

第2章 江苏省大宗农作物各生育期气象服务指标

2.1 大宗农作物各生育阶段特点

1. 冬小麦

冬小麦从播种到成熟大致可分为冬前及越冬期、返青起身期、拔节期、孕穗期、生长后期5个阶段。

(1)冬前及越冬期:小麦的冬前时期和越冬期,是根系、叶片、分蘖等器官形成的营养生长期。

生育特点:小麦出苗后,个体迅速生长,其初生根不断伸长,出现分枝,次生根发生并不断伸展,根系吸收范围迅速扩大;麦苗长到2叶1心,开始出生分蘖,并按叶蘖同伸规律,不断增加数目,逐渐形成膨大的分蘖节;主茎和分蘖叶片数目不断增加,叶面积逐渐扩大;在适宜温度条件下,小麦进行春化阶段的发育;光合产物除用于形成根、叶、蘖等营养器官外,越冬前开始在分蘖节中大量累积糖分等越冬所需的营养物质;当气温降至3 ℃以下,地上部基本停止生长。

(2)返青起身期:小麦返青也是小麦一生中的重要转折时期,冬前壮苗能否安全越冬,转为春季壮苗,并进而发育为壮株,是小麦能否高产的重要环节。

生育特点:一般秋播小麦至返青期已完成春化发育过程,当春季温度回升至3 ℃以上,即逐步进入光周期的发育,生长锥由营养生长锥转入生殖器官的发育;随着春季气温回升和土壤解冻,小麦根系开始活跃生长;小麦返青后,冬春过渡叶(跨年度叶)及春生第1叶、第2叶陆续生长,主茎和分蘖的春生叶片数迅速增加;随气温升高,年前出生的蘖恢复生长,春季分蘖开始陆续出生,进入春季分蘖增长阶段,二棱末期的全田总茎数基本接近最高值;随着叶片的分化结束,茎节数目已定数,但在二棱期之前均未表现出伸长活动,二棱末期的基部第一伸长节间开始缓慢伸长,不久即进入“生理拔节”。

(3)拔节期:茎的基部开始明显地伸长活动,叫作“生理拔节”;当第一伸长节间露出地面1.5～2 cm时,叫作“农学拔节”,也即是栽培上习惯讲的“拔节”。拔节期间的生育条件对小麦单位面积穗数、每穗粒数的形成和群体结构的形成都有重要影响。

生育特点:拔节至抽穗前是小麦一生中生长速度最快、生长量最大的时期,叶、茎、根、穗等器官同时迅速生长；拔节至孕穗是决定完全花数目的重要时期，而完全花的多少对小花结实率有重要影响，即拔节期是减少小花退化、保花增粒的关键时期；大多数麦田的总茎数在拔节期前后达到高峰，之后分蘖开始呈明显两极分化的趋势，再分蘖迅速追赶主茎，而无效分蘖开始渐次衰亡；小麦返青后，随着春生叶的出生，发根节位也依次上移，拔节后单株根数仍有少量增加；茎节与叶片的迅速生长，使植株个体体积迅速增大，所占空间成倍增加，群体与个体矛盾明显增大。

(4)孕穗期：小麦进入孕穗阶段，营养体和结实器官已基本形成，单位面积穗数和每穗小穗数、小花数也已基本形成，此期麦田管理对小穗、小花结实率影响极大，是制约每穗粒数的重要时期，同时对后期建造高光效的群体也有很大的影响。

生育特点：孕穗前后的单株体积迅速增大，约比返青时增长10倍以上，比拔节期增长3倍以上，挑旗前后的单株和群体叶面积达到最大值；幼穗发育接近四分体期，这时在麦穗上基本停止分化新的小花，在已分化的小花中，除能在短时间内进入四分体的小花外，其余小花均转向退化；小麦的营养体基本建成。

(5)生长后期：包括开花、灌浆和成熟等生育时期，它是小麦产量形成的关键时期。

生育特点：小麦开花后，经过授粉、受精后形成籽粒，开花后旗叶、倒二叶和穗部的光合产物绝大部分输送给籽粒，基本不再向该叶位以下的其他器官输送；营养器官逐渐衰亡，单株穗数已经稳定，穗下节间及其他伸长节间基本定长，植株不再发生新根，根系的扩展活动也逐渐停止，根系活性在开花后也开始逐渐降低，单株绿叶一般保存3～5片；开花后小麦籽粒含水量增长的速度和数量，影响灌浆开始的早晚及灌浆速度的大小。

2. 油菜

油菜从播种到成熟可分为发芽出苗期、苗期、现蕾抽薹期、开花期、角果发育成熟期5个阶段。

(1)发芽出苗期：指的是从种子吸水膨大到子叶平展的阶段。由于油菜种子没有明显的休眠期，只要是成熟的种子，播种后遇到适宜条件即可发芽。种子发芽的最适宜温度为25 ℃，低于3～4 ℃，或者高于36～37 ℃时发育都不顺利。油菜种子的发芽出苗，分为吸水膨大、种子萌动、种子发芽、子叶平展4个阶段。

(2)苗期：指的是油菜从子叶展开到现蕾这段时间。根据花芽分化的特点，苗期又分为苗前期和苗后期，出苗至花芽分化为苗前期，花芽分化至现蕾为苗后期。一般来说，中熟品种甘蓝型品种的苗期较长，一般占全生育期的一半或一半以上，为120 d左右。普通早熟品种苗期较短，为40～50 d。在苗期阶段，主茎一般不伸长，只有春性较强的品种在早播情况下或者种植密度过大，主茎才伸长，形成高脚苗。一般来说，苗期的适合温度为10～20 ℃，高温条件下分化快，但容易形成高脚苗。如果遇到低温，短期0 ℃以下低温时不会发生冻害，若持续时间较长，则容易发生冻害。在水分方面，水分要适宜，一般为田间最大持水量的70%以上，否则叶片生长分化慢。

(3)现蕾抽薹期：指的是从现蕾至初花的阶段，这一时期是营养生长和生殖生长旺盛时期，一般是先现蕾后抽薹。现蕾是指揭开主茎顶端1～2片小叶能见到明显花蕾的时期。油菜的现蕾抽薹时间，由于品种和各地气候条件不同而不尽相同。一般来说，抽薹期正常时间是2月中旬至3月中旬，甘蓝型油菜的抽薹期一般为25～30 d。这时期的油菜，要特别注意加强田间管理，要求达到春发、稳长、根强、枝多和薹壮，要重施苔肥，实现根、茎、叶、花、枝、蕾同时生长，为结荚粒进行物质准备，摄入充足的营养。同时要注意灌溉排水、补施花期肥以及防治病虫害。

(4)开花期：指的是从初花至开花结束的阶段，这一阶段是营养生长达到最大值并进入旺盛的生殖生长为主导的时期。这一阶段，分为初花期、盛花期及终花期。初花期指的是全田75%植株主花序基部第一朵花开始的时期；盛花期指的是全田植株开花最集中的时期；终花期指的是全田75%植株花序完全凋谢。盛花期时株高、叶面积和干重达最大值，最大叶面积系数可达4～5，叶片光合作用旺盛，油菜花期长为30～40 d，开花期迟早和长短，因品种和各地气候条件而有差异，白菜型品种开花早，花期较长，甘蓝型和芥菜型品种开花迟，花期较短。早熟品种开花早，花期长，反之则短；气温低，花期长。油菜开花期是营养生长和生殖生长最旺盛的时期。油菜开花期需要一定的环境条件，温度为12～20 ℃，最适宜温度为14～18 ℃。但不同的品种对环境的适宜状况也不同。如早熟品种适宜温度偏低，而晚熟品种适宜温度偏高。开花期适宜的相对湿度为70%～80%，土壤相对湿度应为田间最大持水量的85%左右。

(5)角果发育成熟期：指的是从终花到角果籽粒成熟的一段时间，这个阶段是角果发育、种子形成、油分累积的过程，一般为30 d左右。根据成熟的程度，具体又可分为绿熟期、黄熟期和完熟期。角果发育的特点是长度增长快，宽度增长慢。种子干物质的40%是由角果皮光合产物提供的。角果和种子形成的适宜温度为20 ℃，如果低于这个温度，则成熟缓慢。日平均气温在15 ℃以上时，中晚熟品种不能正常成熟。如果温度过高，则容易造成逼熟现象，导致种子质量下降，含油量降低。

3. 水稻

水稻从播种到成熟可分为幼苗期、返青分蘖期、幼穗分化期、抽穗扬花期、灌浆成熟期5个阶段。

(1)幼苗期：从第一片真叶(完全叶)抽出到分蘖开始前称为幼苗期。收集好水稻的种子，然后播种到土壤中，在生长条件适宜的情况下，种子会抽出胚根，往上生长冒出土壤，这段时间也就是幼苗开始拔高的阶段，在叶片没有长出来之前，是通过根部吸收土壤中的营养，叶片长出来之后，还能通过叶片光合作用转变成营养。幼苗期稻株体内的输导组织还不健全。此时稻苗如泡在水里，根的生长会受到阻碍。尤其是灌水过深时，细胞壁变薄，茎叶较弱，浮在水面上；根系发育不良，不下扎，集中在土壤表层。

(2)返青分蘖期:水稻插秧后,由于植伤,栽插后要经过一段生育停滞,恢复生长的时期,称为水稻返青期。早返青有利于早分蘖,育壮秧,延长水稻有效分蘖期,返青期一般是5～7 d。水稻返青后进入分蘖期,此期根系迅速扩大,叶片增多,分蘖开始,是决定水稻穗数的关键时期,一季稻移栽后10 d左右开始分蘖,20～25 d达到分蘖盛期,30～35 d达最高分蘖期。一般大田分蘖期在20 d左右,而能够分蘖成穗的有效分蘖期很短,一般为5～15 d,水稻分蘖期生长表现在两个方面,一是地上部长叶长分蘖,二是地下部长根,形成健壮的根系。特点是水稻分蘖期又是根系形成的主要时期,也称增根期。稻株发根旺盛,吸收营养多,能促进早分蘖和培育健壮大蘖的关键期,水稻的根系虽然有泌氧能力,但长期淹水会使土壤还原性加强,产生硫化氢等有毒物质伤害根系,形成黑根甚至引起烂根,导致僵苗或死苗。

(3)幼穗分化期:是水稻一生中最为重要的时期之一,在外形上包括拔节期和孕穗期。幼穗分化开始后,水稻进入营养生长和生殖生长并进时期,是决定穗大粒多的关键时期。这个时期植株生长量迅速增大,叶片相继长出,分化末期根的生长量达一生中最大值,全田叶面积也达最高峰,植株干物质的积累将近干物质总量的50%左右,因而也是水稻一生中需肥量最多的时期。据测定,对氮、磷、钾的吸收量,占水稻一生中总吸收量的50%左右。这个时期,不仅需要大量的矿物质营养,而且对周围环境条件反应也十分敏感。该时期,田间管理主要任务是保蘖、壮杆、攻穗。

(4)抽穗扬花期:在抽穗后(穗顶露出剑叶叶枕1 cm即为抽穗)当天或稍后1～2 d就开花。一个穗子顶端最先抽出,穗子顶端枝梗上的颖花先开花,然后伴随穗子的抽出自上而下,依次开花,基部枝梗上的颖花最后开花。一次枝梗上的开花顺序和整穗开花顺序不同,首先是顶端第一粒颖花开花,然后是基部颖花,再顺次向上,最后是顶端第二粒颖花开花,二次枝梗也遵循这一规律。同一穗上所有颖花完成开花需7～10 d,其中大部分颖花在5 d内完成。一天中的开花动态在正常晴好天气下,则是09—10时(北京时,下同)开始开花,11—12时最盛,14—15时停止。每个颖花开花均经过开颖、抽丝、散粉、闭颖的过程,全过程需1～2.5 h。雨天或低温下午也会有少许开花。由于同一田块的植株间和同一植株的分蘖间都是一个连续的抽穗过程,同一田块完成抽穗需10 d左右,所以对一块田来说,所有颖花完成开花约需15 d。

(5)灌浆成熟期:在水稻开花之后、蜡熟之前,是谷粒中营养物质的积累过程,由于谷粒内含物呈白色浆状,故称灌浆期。灌浆后期基本一致,谷粒基本变硬(接近蜡熟期),但是仍能挤压出白色米浆,该时期为乳熟期。谷粒里面成熟到一定程度,米粒已经变硬,但是谷粒壳色还是绿色的,此时为蜡熟期。

4. 玉米

玉米从播种到成熟大致可分为苗期、穗期、花粒期3个阶段。

(1)苗期:指从播种至拔节这一段时间,这一阶段以生根和分化茎叶为主的营养生长为基本特征。茎叶生长较慢，而根系生长较快，到拔节期已基本形成了强大的根系，为以后地上部分的生长发育奠定了基础。所以，苗期管理的重点，应适当控制地上部生长，围绕促进根系生长来进行。

(2)穗期：指从拔节到抽雄前的一段时间，在这期间，地上茎节间迅速伸长，叶片大量展开，雄穗和雌穗先后强烈分化形成，是营养生长和生殖生长并行的阶段。为此，这一阶段田间管理的中心任务是促叶、壮秆，并力争多穗和大穗。

(3)花粒期：指从抽雄到种子成熟的一段时间，这一阶段的特点是营养体基本停止增长，转入以生殖生长为中心，包括抽雄、开花、籽粒形成和灌浆。田间管理的主要任务是围绕籽粒形成为重点，提高叶片光合效能并延长其工作时间，促进营养物质大量流入果穗，争取粒多、粒重。

5. 大豆

大豆生长发育过程可分为萌发出苗期、幼苗期、分枝期、开花结荚期、鼓粒成熟期5个阶段。

(1)萌发出苗期，即播种至出苗。这一时期大豆种子需要足够的水分、适宜的温度和充足的氧气。在栽培技术上要施足底肥、适时早播和适当浅播，创造良好的种子萌发出苗环境。

(2)幼苗期，即从出苗至分枝这一段时期，大豆幼苗根系生长较快，一般比地上部分快5～7倍。在田间管理上要抓好间苗和补苗，力争做到：早苗、全苗、壮苗、匀苗、齐苗。

(3)分枝期，即从第一个分枝至开花。这一时期也是花芽分化时期，应及时中耕除草、追肥，以保证土壤中有足够的养分和水分，促进形成壮苗，力争有足够的分枝，为多开花结荚打好基础。

(4)开花结荚期，即大豆第一朵花出现就进入花荚期。这是营养生长和生殖生长并进时期，也是大豆生长发育最旺盛、干物质形成最多时期。这时需要大量的养分、水分和充足的光照条件。因此，在盛花前抓紧追肥，同时要适当灌水和及时防治病虫害。

(5)鼓粒成熟期，即大豆开花后20 d至鼓粒成熟期，这一时期外界环境对大豆的结荚数、每荚粒数和千粒重有很大关系。这一时期仍需大量的水分和养分，如不能满足需求，则落花、落荚、秕荚和秕粒会增多。这时进行根外追肥，增产效果显著。大豆适时收获期一般以落叶5～7 d进行较为适宜，收获过早或过迟均会影响产量。

大豆茎、叶、花的基本特征与功能、习性。

(1)大豆分枝的多少，决定大豆株型，大豆生长的习性一般为有限性、亚有限性、无限性3种。

(2)大豆叶片是进行光合作用，制造有机物的重要器官；叶形与每荚粒数有密切关系，一般披针叶的每荚粒数多，宽大叶则每荚粒数少。

(3)大豆结荚鼓粒期遇到高温，造成植株早衰，提早落叶；大豆生育中后期追肥过多，成熟后不及时落叶，这两种情况对产量均有影响。

(4)大豆开花的延续时间一般为 25 d 左右，夏播大豆花期长于春播大豆。同一类型的品种在同一季节播种，花期也有差异。植株健壮，营养生长旺盛，花期较长，反之则短。大豆开花后，有相当一部分花朵会逐渐脱落，只有 20%～30%的花朵能够正常结荚。花朵脱落的原因很多，有营养不良的生理性落花，有授精不良的败育性落花，有狂风吹落的机械性脱花，有花朵分化数量太多造成的营养竞争性脱落。上述花脱落中，生理性脱落和竞争性脱落的比例最大，因此，在栽培上应选择优良品种，合理密植，科学运筹水肥，减少花的脱落。

2.2　大宗农作物物候历

冬小麦、油菜、一季稻、玉米、大豆的物候历见表 2.1—表 2.5。

表 2.1　冬小麦物候历

主产区	播种出苗期	分蘖期	越冬期	返青期	拔节期	抽穗开花期	乳熟期	成熟期
淮北	10月上旬至下旬	11月上中旬	11月中下旬	2月中下旬	3月下旬	4月下旬至5月上旬	5月中下旬	6月上中旬
江淮之间	10月下旬至11月上旬	11月下旬至12月上中旬	12月下旬	2月上中旬	3月中旬	4月中下旬	5月上中旬	5月底至6月上旬
苏南	10月底至11月中旬	11月下旬至12月中下旬	冬季缓慢生长期	3月上旬	4月上中旬	4月下旬至5月上旬	5月下旬至6月初	

表 2.2　油菜物候历

主产区	播种出苗期	第五真叶期	移栽期	移栽后幼苗期（缓慢生长期）	现蕾抽薹期	开花结荚期	成熟期
淮河以南地区	9月下旬至10月上旬	10月中下旬	10月下旬至11月上旬	11月中旬至次年月下旬	2月上旬至中旬	3月中旬至5月上旬	5月中下旬

注：江苏省主要以移栽油菜为主，表 2.2 中为移栽油菜物候历。直播油菜受前茬作物腾茬早晚的影响，播期比当地移栽油菜晚 10～30 d，10月下旬至11月上旬播种；直播油菜生长至现蕾抽薹期，其发育期接近移栽油菜。

表 2.3　一季稻物候历

主产区	播种育秧期	移栽返青期	分蘖期	孕穗抽穗期	乳熟期	成熟期
淮北	5月中下旬	6月中下旬	6月下旬至7月中旬	8月中下旬	9月中旬	10月上中旬
江淮之间	5月中下旬	6月中下旬	6月下旬7月中旬	8月中下旬	9月中下旬	10月中旬
苏南	5月中旬至6月上旬	6月中下旬	6月中旬至7月中旬	8月下旬至9月上旬	9月下旬至10月上旬	10月下旬至11月上旬

表 2.4　玉米物候历

主产区	播种出苗期	幼苗期	拔节期	抽雄期	乳熟期	成熟期
黄淮地区	6月中下旬	6月下旬至7月中旬	7月中下旬	8月上旬	8月下旬至9月上旬	9月中下旬

表 2.5　大豆物候历

主产区	播种出苗期	第三真叶期	旁枝形成期	开花期	结荚期	成熟期
黄淮地区	6月中下旬	7月上中旬	7月下旬	7月下旬至8月上旬	8月中旬至9月上旬	9月下旬至10月上旬

2.3　冬小麦各生育期气象服务指标

冬小麦播种出苗期、分蘖期、越冬期、返青期、拔节期、抽穗开花期、乳熟期、成熟期气象条件与指标见表 2.6—表 2.13。

表 2.6　冬小麦播种出苗期气象条件与指标

主产区	播种出苗期	有利气象条件	不利气象条件	气候背景
淮北	10月上旬至下旬	·日平均气温 15～18 ℃ ·土壤相对湿度 65%～80% ·晴到多云天气	·土壤相对湿度小于 60%,缺墒干旱 ·阴雨日数达 3 d 以上,土壤相对湿度大于 90%	·7—8月(播种前)降水量 300～500 mm,9月上中旬 200 mm,土壤蓄墒充足 ·日平均气温 13～17℃;≥0 ℃积温 200 ℃·d左右;降水量 10～30 mm;日平均日照时数为 5～7 h
江淮之间	10月下旬至11月上旬	·日平均气温 15～20 ℃ ·土壤相对湿度 60%～70% ·晴到多云天气	·土壤相对湿度大于 90%或小于 60% ·阴雨日数在 3 d 以上	日平均气温 12～15 ℃;≥0 ℃积温为 250～350 ℃·d;降水量 10～25 mm;日平均日照时数为 4～6 h
苏南	10月底至11月中旬			

注:土壤相对湿度主要是指 10 cm 深度,下同。

表 2.7　冬小麦分蘖期气象条件与指标

主产区	分蘖期	有利气象条件	不利气象条件	气候背景
淮北	11月上中旬	·日平均气温 6～13 ℃ ·土壤相对湿度 70%～80%	·日平均气温低于 6 ℃,分蘖缓慢,分蘖大多不能成穗;<3 ℃一般不会分蘖;13～18 ℃分蘖最快,易出现徒长;高于 18 ℃,分蘖生长减慢 ·土壤相对湿度大于 90% 或小于 60%	≥0 ℃积温 110～400 ℃·d;降水量 10～40 mm;日平均日照时数为 5～7 h

续表

主产区	分蘖期	有利气象条件	不利气象条件	气候背景
江淮之间	12月上中旬	· 日平均气温3～8 ℃ · 土壤相对湿度70%～80%	· 气温在一天内急降10 ℃以上，最低气温在−5 ℃以下，会使小麦遭受冻害 · 3 d以上连阴雨，土壤相对湿度在90%以上	日平均气温3～8 ℃；降水量250 mm；日平均日照时数为4～5 h
苏南	11月下旬至12月中下旬			

表2.8　冬小麦越冬期气象条件与指标

主产区	越冬期	有利气象条件	不利气象条件	气候背景
淮北	12月中下旬	· 冬前≥0 ℃积温有550～700 ℃·d，冬前形成壮苗。日平均气温≤0 ℃，冬麦进入越冬期。入冬之前，气温逐渐降低，麦苗经过0～5 ℃、−5～0 ℃的低温锻炼，利于提高抗寒抗冻能力 · 土壤相对湿度80%左右	· 冬前≥0 ℃积温不足400 ℃·d，形成弱苗；大于800 ℃·d，出现旺苗 · 入冬前后剧烈强降温和冬末初春的强烈融冻，易造成冻害 · 土壤相对湿度小于60%，缺墒干旱	冬前≥0 ℃积温500～800 ℃·d；越冬期降水量10～20 mm；日平均日照时数为4～7 h
江淮之间	12月下旬			

注：苏南地区冬小麦基本无越冬期。

表2.9　冬小麦返青期气象条件与指标

主产区	返青期	有利气象条件	不利气象条件	气候背景
淮北	2月中下旬	· 日平均气温为3～6 ℃；返青到拔节期间温度略偏低，小麦幼穗分化时间延长，利于形成大穗	· 降温时分蘖节处最低温度冬性品种−6～−4 ℃、冬性弱的品种−3 ℃时小麦受冻 · 土壤相对湿度小于60%，缺墒干旱	≥0 ℃积温200 ℃·d左右；降水量30～60 mm；日平均日照时数为5～7 h
江淮之间	2月上中旬			

注：苏南地区冬小麦基本无返青期。

表2.10　冬小麦拔节期气象条件与指标

主产区	拔节期	有利气象条件	不利气象条件	气候背景
淮北	3月下旬	· 日平均气温12～16 ℃ · 土壤相对湿度60%～80%	· 日最低气温<2 ℃，出现晚霜冻；下降到−4～−2 ℃时小麦幼穗受冻 · 土壤相对湿度低于60%，缺墒干旱	≥0 ℃积温250～400 ℃·d；降水量15～30 mm；日平均日照时数为7～8 h
江淮之间	3月中旬			
苏南	3月上旬	· 日平均气温12～16 ℃ · 土壤相对湿度70%～90%	· 日最低气温<2 ℃，出现晚霜冻；下降到−4～−2 ℃时小麦幼穗受冻 · 春雨偏多的年份，易出现湿渍害和病虫害	≥0 ℃积温550～700 ℃·d；降水量110 mm左右；日平均日照时数3～5 h

表 2.11 冬小麦抽穗开花期气象条件与指标

主产区	抽穗开花期	有利气象条件	不利气象条件	气候背景
淮北	4 月下旬至5 月上旬	· 日平均气温 13～24 ℃ · 土壤相对湿度 60%～80%,空气相对湿度 70%～80%	· 干热风天气 · 土壤相对湿度≤60%,缺墒干旱	≥0 ℃积温 300～450 ℃ · d;降水量 15～50 mm;日平均日照时数为 7～9 h
江淮之间	4 月中下旬	· 日平均气温 15～20 ℃ · 空气相对湿度 70%～80%	· 阴雨寡照,空气相对湿度在 90% 以上,赤霉病、白粉病、锈病、纹枯病易发生流行 · 土壤相对湿度低于 60%,缺墒干旱	≥0 ℃积温 400 ℃ · d 左右;降水量 60～90 mm;日平均日照时数为 4～6 h
苏南	4 月上中旬			

表 2.12 冬小麦乳熟期气象条件与指标

主产区	乳熟期	有利气象条件	不利气象条件	气候背景
淮北	5 月中下旬	· 日平均气温 18～22 ℃ · 降水量在 120 mm 以上,土壤相对湿度 70%～80%	· 日最高气温 30 ℃以上,干热风或雨后暴热 · 土壤相对湿度小于 60%,缺墒干旱	≥0 ℃积温 400～600 ℃ · d;降水量 20～60 mm;日平均日照时数为 7～10 h
江淮之间	5 月上中旬			
苏南	4 月下旬至5 月上旬		· 连阴雨 3 d 以上 · 暴雨渍涝	≥0 ℃积温 450～550 ℃ · d;降水量江淮 50～80 mm,江汉 110 mm;日平均日照时数为 4～7 h

表 2.13 冬小麦成熟期气象条件与指标

主产区	成熟期	有利气象条件	不利气象条件	气候背景
淮北	6 月上旬至中旬	· 成熟后有 7～10 d 晴好天气	· 连阴雨,冰雹、大风、暴雨等强对流天气 · 日最高气温 35 ℃以上	降水量 15～40 mm;日平均日照时数为 7～10 h
江淮之间	5 月底至6 月上旬			
苏南	5 月下旬至 6 月初			降水量 25 mm;日平均日照时数为 5～7 h

2.4 油菜各生育期气象服务指标

油菜播种出苗期、第五真叶期、移栽期、幼苗期、现蕾抽薹期、开花结荚期、成熟期气象条件与指标见表 2.14—表 2.20。

表 2.14　油菜播种出苗期气象条件与指标

主产区	播种出苗期	有利气象条件	不利气象条件	气候背景
淮河以南地区	9月下旬至10月上旬	·日平均气温16～22 ℃ ·土壤相对湿度60%～70%	·当土壤相对湿度小于50%时,遇上−8～−5 ℃低温,弱苗的死苗率可达90%以上 ·当土壤相对湿度小于30%时,壮苗也出现死苗现象	日平均气温16～22 ℃;降水量50～100 mm;日平均日照时数为3～6 h

表 2.15　油菜第五真叶期气象条件与指标

主产区	第五真叶期	有利气象条件	不利气象条件	气候背景
淮河以南地区	10月中下旬	·日平均气温10～20 ℃ ·充足的光照条件 ·土壤相对湿度70%～80%	·0 ℃以下低温持续时间长,易遭冻害 ·土壤相对湿度在60%以下受旱,难以形成壮苗	≥0 ℃积温130～200 ℃·d;降水量10～40 mm;日平均日照时数为3～6 h

表 2.16　油菜移栽期气象条件与指标

主产区	移栽期	有利气象条件	不利气象条件	气候背景
淮河以南地区	10月下旬至11月上旬	·日平均气温13～15 ℃ ·土壤相对湿度达70%以上	·土壤相对湿度低于60%,土壤缺墒干旱,不利于移栽成活 ·大到暴雨,土壤相对湿度在90%以上,不利于移栽作业	≥0 ℃积温220～340 ℃·d;降水量10～30 mm;日平均日照时数为4～7 h

表 2.17　油菜幼苗期气象条件与指标

主产区	移栽后幼苗期	有利气象条件	不利气象条件	气候背景
淮河以南地区	10月下旬至11月上旬	·日最低气温在0 ℃以上 ·土壤相对湿度达70%以上	·土壤相对湿度低于60%,土壤缺墒干旱,不利于油菜形成壮苗 ·连阴雨天气,土壤相对湿度达90%以上,易出现湿渍害 ·日最低气温降至−5 ℃以下,油菜易受冻	≥0 ℃积温300～400 ℃·d;降水量40～130 mm;日平均日照时数为3～6 h

表 2.18　油菜现蕾抽薹期气象条件与指标

主产区	现蕾抽薹期	有利气象条件	不利气象条件	气候背景
淮河以南地区	2月上中旬	·日平均气温稳定在5 ℃以上时现蕾;在10 ℃以上时抽薹 ·土壤相对湿度80%左右 ·光照充足	·温度过高,抽薹太快,易出现茎薹纤细、中空和弯曲现象,对产量形成不利影响。日最低气温低于0 ℃时,易造成裂薹和死亡 ·土壤相对湿度低于60%时,主茎变短,叶片变小,幼蕾脱落,产量不高;高于90%时,水分过多,引起徒长、贪青、倒伏 ·阴雨寡照天气,易使病害发生流行	日平均气温2～12 ℃;降水量25～160 mm;日平均日照时数为2～6 h

表 2.19 油菜开花结荚期气象条件与指标

主产区	开花结荚期	有利气象条件	不利气象条件	气候背景
淮河以南地区	3月中旬至5月上旬	·日平均气温 12～20 ℃,最适 14～18 ℃ ·空气相对湿度 70%～80% ·土壤相对湿度为 85%左右 ·充足光照	·日平均气温在 10 ℃以下,开花数量显著减少;5 ℃以下,多数不开花;至 0 ℃及以下,花朵大量脱落,并出现分段结荚现象。温度高于 30 ℃虽可开花,但花朵结实不良 ·土壤相对湿度低于 60%,缺墒干旱,影响产量形成 ·阴雨寡照天气,不利开花结荚,引起菌核病	≥0 ℃积温 700～950 ℃·d;降水量 90～300 mm;日平均日照时数为 3～7 h

表 2.20 油菜成熟期气象条件与指标

主产区	成熟期	有利气象条件	不利气象条件	气候背景
淮河以南地区	5月中下旬	·晴到多云天气	·阴雨寡照、暴雨洪涝 ·土壤相对湿度在 90%以上	降水量 25～120 mm;日平均日照时数为 5～7 h

2.5 水稻各生育期气象服务指标

水稻播种育秧期、移栽返青期、分蘖期、孕穗抽穗期、乳熟期、成熟期气象条件与指标见表 2.21—表 2.26。

表 2.21 水稻播种育秧期气象条件与指标

主产区	播种育秧期	有利气象条件	不利气象条件	气候背景
淮北	5月中下旬	·平均气温在 8 ℃以上时,薄膜秧播种;12 ℃以上时,露地秧播种 ·晴到多云天气	·连续 3 d 以上日平均气温小于 12 ℃,易出现烂种、烂秧 ·阴雨寡照天气,不利于培育壮秧	日平均气温 17～22 ℃;≥10 ℃积温850～1200 ℃·d;降水量 55～195 mm;日平均日照时数为 3～8 h
江淮之间	5月中下旬			日平均气温 20～22 ℃;≥10 ℃积温730～880 ℃·d;降水量 90～230 mm;日平均日照时数为 5～7 h
苏南	5月中旬至6月上旬			

表 2.22　水稻移栽返青期气象条件与指标

主产区	移栽返青期	有利气象条件	不利气象条件	气候背景
淮北	6 月中下旬	· 日平均气温 15 ℃以上，最适温度 25～30 ℃ · 适当的阴天、雨天，弱日照，气温 20～25 ℃，有利返青	· 日平均气温低于 15 ℃，秧苗返青缓慢 · 移栽后遇大雨、暴雨，易造成浮苗、倒苗 · 干旱，无水泡田，影响移栽	≥10 ℃积温 470～510 ℃ · d；降水量 60～130 mm；日平均日照时数为 5～6h
江淮之间	6 月中下旬			≥10 ℃积温 450～510 ℃ · d；降水量 70～125 mm；日平均日照时数为 6～7 h
苏南	6 月中下旬			

表 2.23　水稻分蘖期气象条件与指标

主产区	分蘖期	有利气象条件	不利气象条件	气候背景
淮北	6 月下旬至 7 月中旬	· 日平均气温 25～30 ℃ · 光照充足	· 日平均气温低于18 ℃时，分蘖缓慢；低于 16 ℃，分蘖基本停止；高于 30 ℃，易形成无效分蘖 · 阴雨寡照、雨涝，茎杆细弱，易得稻瘟病 · 缺水干旱，分蘖细弱、分蘖数减少	≥10 ℃积温 1030～1090 ℃ · d；降水量 150～290 mm；日平均日照时数为5～7 h
江淮之间	6 月下旬至 7 月中旬			≥10℃积温 1090～1160 ℃ · d；降水量 260～350 mm；日平均日照时数为 5～7 h
苏南	6 月中旬至 7 月中旬			

表 2.24　水稻孕穗抽穗期气象条件与指标

主产区	孕穗抽穗期	有利气象条件	不利气象条件	气候背景
淮北	8 月中下旬	· 日平均气温 25～28 ℃ · 空气相对湿度 70%～80% · 晴暖微风，光照充足	· 日平均气温低于 20 ℃；日平均气温高于 30 ℃或日最高气温高于 35 ℃ · 空气相对湿度大于 90%，阴雨寡照，大到暴雨 · 缺水干旱，影响穗分化和授粉结实	≥10 ℃积温 1090～1190 ℃ · d；降水量 160～240 mm；日平均日照时数为 5～7h；日最高气温≥35 ℃累计 20～35 d
江淮之间	8 月中下旬			≥10 ℃积温 820～870 ℃ · d；降水量130～180 mm；日平均日照时数为 6～7 h；日最高气温≥35 ℃累计 10～23 d
苏南	8 月下旬至 9 月上旬			

表 2.25 水稻乳熟期气象条件与指标

主产区	乳熟期	有利气象条件	不利气象条件	气候背景
淮北	9月中旬	·日平均气温在18 ℃以上，21～25 ℃为适宜温度 ·光照充足	·日平均气温低于18 ℃，日平均气温高于30 ℃或日最高气温高于35 ℃ ·阴雨寡照、大到暴雨 ·缺水干旱，易造成籽粒干瘪、灌浆受阻	≥10 ℃积温220～260 ℃·d；降水量20～40 mm；日平均日照时数为5～6 h；日最高气温≥35 ℃累计4～7 d
江淮之间	9月中下旬			≥10 ℃积温460～500 ℃·d；降水量50～80 mm；日平均日照时数为5～7 h；日最高气温≥35 ℃累计5～10 d
苏南	9月下旬至10月上旬			

表 2.26 水稻成熟期气象条件与指标

主产区	成熟期	有利气象条件	不利气象条件	气候背景
淮北	10月上中旬	·晴好天气	·阴雨寡照天气 ·大风、暴雨等强对流天气	≥10 ℃积温400～460 ℃·d；降水量40～60 mm；日平均日照时数为4～6 h；降水量日数5～8 d
江淮之间	10月中旬			≥10 ℃积温390～430 ℃·d；降水量30～50 mm；日平均日照时数为5～7 h；降水日数4～6 d
苏南	10月下旬至11月上旬			

2.6 玉米各生育期气象服务指标

由于江苏省玉米以夏玉米为主，春玉米很少，所以本节重点讲述夏玉米不同时期气象条件与指标。夏玉米播种出苗期、幼苗期、拔节期、抽雄期、乳熟期、成熟期气象条件与指标见表2.27—表2.32。

表 2.27 夏玉米播种出苗期气象条件与指标

主产区	播种出苗期	有利气象条件	不利气象条件	气候背景
黄淮地区	6月中下旬	·日平均气温20～30 ℃ ·土壤相对湿度70%～85%	·土壤相对湿度小于60%，缺墒干旱，影响出苗 ·阴雨寡照，土壤相对湿度大于85%，发芽不良	日平均气温24 ℃；降水量25～75 mm；日平均日照时数为6～9 h

注：土壤相对湿度是指10 cm深度的土壤相对湿度，以下同。

表 2.28 夏玉米幼苗期气象条件与指标

主产区	幼苗期	有利气象条件	不利气象条件	气候背景
黄淮地区	6月下旬至7月中旬	·日平均气温20～26 ℃ ·土壤相对湿度60%～70%，蹲苗时55%～60%	·日最高气温高于40 ℃时，茎叶生长受抑 ·土壤相对湿度低于60%或大于90%，不利于生长	≥10 ℃积温590～810 ℃·d；降水量80～230 mm；日平均日照时数为5～8 h

表 2.29　夏玉米拔节期气象条件与指标

主产区	拔节期	有利气象条件	不利气象条件	气候背景
黄淮地区	7 月中下旬	·日平均气温 24～26 ℃ ·土壤相对湿度 70%～80% ·每天日照 7～10 h	·日平均气温低于 24 ℃或超过 32 ℃时，生长速度减慢 ·土壤相对湿度低于 60%，易造成雌穗部分不孕或玉米空杆 ·阴雨寡照	≥10 ℃积温 550 ℃·d 左右；降水量 55～155 mm；日平均日照时数为 5～8 h

表 2.30　夏玉米抽雄期气象条件与指标

主产区	抽雄期	有利气象条件	不利气象条件	气候背景
黄淮地区	8 月上中旬	·日平均气温 25～26 ℃、空气相对湿度 70%～90% ·土壤相对湿度 70%～80% ·每日光照 8～12 h，有利于抽穗开花	·日最高气温高于 38 ℃或日平均气温低于 18 ℃，花粉不能开裂散粉 ·日最高气温高于 35 ℃，空气相对湿度低于 50%，易空穗或秃顶 ·空气相对湿度低于 30% 或高于 95%时，花粉丧失活力 ·土壤相对湿度低于 60%时干旱缺墒，不利于开花授粉	≥10 ℃积温 400～540 ℃·d；降水量 50～130 mm；日平均日照时数为 37 h 左右

表 2.31　夏玉米乳熟期气象条件与指标

主产区	乳熟期	有利气象条件	不利气象条件	气候背景
黄淮地区	8 月下旬至 9 月上旬	·日平均气温 22～24 ℃ ·土壤相对湿度 70%～80% ·光照条件每日 7～10 h	·日平均气温降至 16 ℃以下，灌浆停止 ·日最高气温高于 35 ℃，易造成高温逼熟 ·持续阴雨寡照天气	≥10 ℃积温 330～460 ℃·d；降水量 30～70 mm；降水日数 4～8 d；日平均日照时数为 7 h 左右

表 2.32　夏玉米成熟期气象条件与指标

主产区	成熟期	有利气象条件	不利气象条件	气候背景
黄淮地区	9 月中下旬	·晴到多云天气，日平均日照时数为 7～10 h ·土壤相对湿度小于 90% ·空气适当干燥	·3 d 以上的连阴雨天气，不利于收获晾晒，易造成玉米霉变、粉粒	日平均气温 12～19 ℃；降水量 15～60 mm；降水日数 4～6 d；日平均日照时数为 5～8 h

2.7　大豆各生育期气象服务指标

大豆播种出苗期、第三真叶期、旁枝形成期、开花期、结荚期、成熟期气象条件与指标见表 2.33—表 2.38。

表 2.33 大豆播种出苗期气象条件与指标

主产区	播种出苗期	有利气象条件	不利气象条件	气候背景
黄淮地区	6 月中下旬	·日平均气温 20～22 ℃ ·土壤相对湿度 70%～80%	·日平均气温低于 8 ℃或高于 33 ℃ ·土壤相对湿度大于 85%或低于 60%，影响种子发芽	日平均气温 22～27 ℃；降水量40～125 mm；日平均日照时数为 7 h

表 2.34 大豆第三真叶期气象条件与指标

主产区	第三真叶期	有利气象条件	不利气象条件	气候背景
黄淮地区	7 月上中旬	·日平均气温 18～22 ℃ ·土壤相对湿度 60%～70% ·光照充足	·土壤相对湿度低于 60%，缺墒干旱	≥10 ℃积温 260 ℃·d 左右；降水量 35～80 mm；日平均日照时数为 5～9 h

表 2.35 大豆旁枝形成期气象条件与指标

主产区	旁枝形成期	有利气象条件	不利气象条件	气候背景
黄淮地区	7 月下旬	·日平均气温 20～22 ℃，昼夜温差小，最低气温大于 15 ℃ ·土壤相对湿度 65%～75%	·日最低气温低于 14 ℃，生长发育受阻 ·土壤相对湿度小于 60%或大于 90%，对分枝和花芽形成不利	≥10 ℃积温 230～275 ℃·d；降水量 40～100 mm；日平均日照时数为 5～7 h

表 2.36 大豆开花期气象条件与指标

主产区	开花期	有利气象条件	不利气象条件	气候背景
黄淮地区	7 月下旬至 8 月上旬	·日平均气温 25～28 ℃ ·空气相对湿度 70%～80% ·土壤相对湿度 70%～85%	·日平均日照时数超过12 h 或低于 5 h，影响开花 ·土壤相对湿度高于 85%或低于 70%，开花结荚数减少	≥10 ℃积温 500～590 ℃·d；降水量 80～150 mm；降水日数 7～11 d；日平均日照时数为 6～9 h

表 2.37 大豆结荚期气象条件与指标

主产区	结荚期	有利气象条件	不利气象条件	气候背景
黄淮地区	8 月中旬至 9 月上旬	·日平均气温 20～23 ℃ ·土壤相对湿度 80%～90%	·日平均气温高于 30 ℃，植株过分蒸腾，易出现空秕荚 ·土壤相对湿度不足 70%，对鼓粒初期影响较大	≥10℃积温 800～1000 ℃·d；降水量 75～145 mm；降水日数 11～18 d；日平均日照时数为 6～8 h

表 2.38　大豆成熟期气象条件与指标

主产区	成熟期	有利气象条件	不利气象条件	气候背景
黄淮地区	9 月下旬至 10 月上旬	·日平均气温 20 ℃ ·土壤相对湿度 50%～60% ·天气晴朗	·低温阴雨寡照，延缓成熟	≥10 ℃积温 280～380 ℃·d；降水量 15～50 mm；日平均日照时数为 5～8 h

第3章　江苏省大宗农作物主要农业气象灾害服务指标

3.1　大宗农作物主要农业气象灾害发生概况

江苏省地处中国大陆东部沿海地区中部，长江与淮河下游，北接山东，西连安徽，东南与上海、浙江接壤，地跨116°18′～121°57′E，30°45′～35°20′N，位于亚洲大陆东岸中纬度地带，属东亚季风气候区，处在亚热带和暖温带的气候过渡地带。受东亚季风影响显著，气象灾害种类繁多，影响范围广，且每个季节都有灾害发生，如春季的春旱和低温连阴雨、夏季的高温热浪和暴雨洪涝及台风、秋季的连阴雨和大雾、冬季的寒潮和低温冷害等，是中国气象灾害发生较为频繁的省份之一。加之江苏省是中国经济大省，人口稠密、城镇密集、交通运输繁忙，气象灾害经常会带来巨大的经济损失、对人民群众的生命财产安全产生威胁，是我国气象灾害损失较重的省份之一，对江苏省的可持续发展产生一定影响。

在气候变暖背景下，极端灾害性天气频发，江苏主要农业气象灾害时空分布及危害程度也发生明显变化，农业病虫害总体处于重发态势，严重威胁粮食安全生产。2021年1月遭受2次强寒潮，冬小麦冻害面积2041万亩，创20年之最，当年水稻由于受搁田期连阴雨寡照、9月温度异常偏高致灌浆速度过快、10月中旬持续降雨加重稻株上部重量等因素叠加影响，导致260万亩水稻发生倒伏，属历史罕见。2020年梅汛期降水异常偏多，是常年梅雨量的2.47倍，为有气象记录以来第二高值，全省农业受灾面积达169.47万亩，损失约3.55亿元。2019年冬季遭遇超长时间阴雨寡照，导致750万亩麦田出现湿渍害，影响小麦根系生长、分蘖偏弱。2018年7—8月先后有5个台风影响江苏省，其中第18号台风"温比亚"对农作物影响最为严重，影响时间长、范围广、风雨强，导致全省191.5万亩农田被淹，其中丰县、沛县农作物直接经济损失分别达4.2亿元、1.6亿元。受气候变暖、农业结构、种植制度和品种变化等的综合影响，农作物病虫害发生规律出现了新的变化，特别是20世纪80年代以来，灾害发生面积和大发生频率逐年增长，发生程度逐年加重；无论是主要粮棉油作物，还是蔬菜、果树等园艺作物的生物灾害都呈现出频率高、强度大、危害日益严重的态势，2010—2021年中江苏有6年赤霉病呈大流行，其中，2012年、2015年、2016年，全省赤霉病发病面积超过2000万亩，占小麦种植面积的2/3左右，自然发病下减产

2～3成,高的超过5成,甚至绝收,且毒素超标严重。

3.2 2019—2021年江苏主要农业气象灾害

1.2019年江苏主要农业气象灾害

2019年主要经历了冬季超长时间阴雨寡照、3次雨雪过程、4月短暂低温、春夏秋大范围连旱、7月高温、历史罕见全省范围强对流、近58年最强台风“利奇马”带来的强风暴雨等农业气象灾害,小麦、大豆、玉米、棉花、蔬菜、茶树、果树等作物与设施农业等受到不同程度的影响,其中冬季超长时间阴雨寡照导致750万亩麦田出现湿渍害,春夏秋长时间干旱影响作物正常生长及农业灌溉用水紧张,7月大范围冰雹天气导致高秆作物受灾严重。但是,2019年台风影响个数明显少于往年,台风“利奇马”虽然造成局部地区农田被淹,但强降水有效中断了持续旱情。梅汛期区域性暴雨过程少,连绵阴雨少,气温也明显偏低,有利于作物生长。对于小麦,返青后光温水配置佳,弥补了前期阴雨的不足,产量和品质都好于往年,属丰产气候年景;对于水稻,气象条件总体利大于弊,同样属于丰收气候年型。

(1)冬季超长时间连阴雨导致大田出现大面积湿渍害

2018年11月1日—2019年2月20日,全省日照时数之少、降水量及降水日数之多为有连续气象记录以来罕见。①日照时数为1961年以来同期最少。全省各地日照时数259.5(东山)～506.9 h(赣榆),比常年同期偏少2～6成(灌南)。全省平均日照时数339.3 h,较常年同期偏少4成,为1961年有连续气象记录以来同期最少。②降水量为1961年以来同期次多、降水日数最多。全省各地累计降水量110.5(丰县)～465.2 mm(宜兴),比常年同期偏多4成至1.4倍(张家港)。全省平均降水量283.0 mm,比常年同期偏多1倍,为1961年以来同期第二多值(少于1997—1998年同期的294.5 mm)。③全省平均降水日数47 d,是常年同期的1.9倍,为1961年来同期最多,高淳和宜兴多达59 d。造成如此长时间阴雨寡照的原因是:2018年秋季以来赤道太平洋一直处于厄尔尼诺暖位相,西太平洋副热带高压偏北偏西偏强且稳定维持,日本海及以东为异常反气旋性环流,其南侧偏东气流将西北太平洋水汽源源不断地输送至江苏省,江苏省处于水汽辐合区,有利于出现持续阴雨寡照天气。

受长时间阴雨寡照影响,小麦植株光合产物积累偏少、根系活力下降、叶片偏嫩偏长、分蘖偏弱,排水不畅田块渍害较重,脱力落黄;油菜“水发苗”特征较为明显,生育进程快、苗质嫩弱,同时部分田块渍害较重(图3.1)。据江苏省农业技术推广总站调度(2019年2月20日):全省小麦渍害面积达750万亩左右,是前3年平均的5.1倍,急需清沟理墒面积达1880万亩;油菜渍害面积达54万亩。

对于小麦,在返青期后天气好转,一直到收获,均未出现大的气象灾害,气象条件基本上以适宜为主,小麦产量和品质都好于往年,属丰产气候年景,因此尽管冬季的

图 3.1 2019 年 2 月 20 日江苏省南京市溧水区和凤镇麦田发生渍害

超长时间阴雨寡照导致大面积麦田出现湿渍害,但对最终的品质和产量没造成致命性伤害。

(2)春夏秋连旱对农作物生长和农业生产产生不利影响

2019 年 5—10 月,江淮之间西部和苏南西部及徐州东部累计雨量均在 450 mm 以下,与常年同期相比偏少 4～6 成,属于偏少至显著偏少的程度。干旱对农作物主要影响时段和影响程度为:5 月全省降水总体偏少,此时正值作物耗水高峰期,土壤蒸发和作物蒸散量大,5 月中旬前期,淮北西北部、扬州—泰州北部以及部分高亢地区旱情较重,对大蒜等露地蔬菜生长影响较大;7 月淮北和江淮之间北部地区出现旱情,受旱的主要是玉米、大豆、花生等旱作物,徐州和连云港西部旱情较重,玉米、大豆等旱作物出现卷叶、萎蔫现象,宿迁的受旱区域主要集中在泗洪县,受旱面积近 60 万亩,程度为中等;10 月中旬缺墒面积增加明显,部分地区旱情逐步发展、局部高亢地区旱情较重,淮北部分地区、江淮之间北部、苏南西部达中度干旱,其中宝应和金湖一带、扬州—仪征—六合—浦口一带旱情较重;至 11 月 14 日,全省麦油受旱面积达 263 万亩,部分晚播的旱茬小麦因旱不能及时出苗,部分稻茬小麦播后因旱出苗不齐,淮北小麦因旱播种进度迟于适播期,油菜播种面积因旱减少,生长普遍较慢,苗情整体较弱,部分蔬菜、果园、茶园也受旱明显,其中南京地区 30%的茶园出现重度干旱、部分茶区绝收面积超过 10%。干旱导致河湖水位严重下降,对农业灌溉用水造成了紧张局势。

①5 月淮北及江淮之间北部旱象显露,露地蔬菜生长受影响

5 月全省降水总体偏少,此时正值作物耗水高峰期,土壤蒸发和作物蒸散量大,旱象逐步显露,5 月中旬前期,全省大范围普遍受旱,5 月 21 日据干旱监测显示,淮北西北部、扬州—泰州北部以及部分高亢地区旱情较重,25—27 日全省有一次明显降

水过程，沿江苏南地区农田墒情好转，旱情得到缓解，而淮北及江淮之间北部地区旱情仍在持续。干旱对露地蔬菜生长影响较大，据徐州气象局调查反映，正值膨大期的蒜头，根系浅、需水量大，土壤水分不足对最终的产量有不利影响，部分田块减产5成左右，个头较正常年份减小50%左右(图3.2)。

图3.2 2019年江苏省徐州大蒜受旱

②7月淮北和江淮之间北部部分旱作物受灾较重

6月11日—7月22日，全省降水较常年同期明显偏少(苏州南部和南通北部除外)，淮北中西部和江淮之间西部偏少6～8成，东部沿海和苏南西部普遍偏少3～6成，导致土壤水分逐步亏缺。7月21日出梅后，气温迅速攀升，最高气温均在35 ℃以上，高温加大农田蒸发，失墒加快，部分地区农田土壤水分亏缺程度进一步加重。据江苏省气象部门旱情监测显示，7月22日，淮北中西部、沿淮西部、江淮之间部分地区有中度或轻度至中度的干旱，其中徐州、灌云和东海西部等地旱情较明显。据实地旱情调查(图3.3、图3.4)，徐州铜山柳泉镇部分田块因干旱出现了龟裂；大豆、玉米等旱作物自播种以来，降水就偏少，出苗不整齐，近期随着旱情加重，部分田块植株偏小；干旱对于水稻生长影响较小，但由于河湖蓄水持续减少，7月21日气象卫星监测显示，洪泽湖、高邮湖(含邵伯湖)、骆马湖水面面积较2018年同期分别减小27.4%、25.3%、13.9%，农田灌溉压力大，局部地区水稻灌水会存在困难。据江苏省农业农村厅种植业管理处灾情初步调度：截至7月23日，淮北和江淮之间北部地区出现旱情，受旱的作物主要是玉米、大豆、花生等旱作物；徐州和连云港西部旱情较重，玉米、大豆等旱作物出现卷叶、萎蔫现象；宿迁的受旱区域主要集中在泗洪县，受旱面积近60万亩，程度为中等。

③10月缺墒面积增加明显，旱情进一步发展、局部高亢地区旱情较重

9月11日—10月28日全省多晴少雨，江淮之间中部和苏南中西部近50 d累计雨量均不足10 mm，沿淮地区基本在30 mm以下，淮北北部36.8～60.0 mm。与常年同期相比，除江苏省西北部和东南角以外，降水偏少7～9.9成，江淮之间中部和苏

图 3.3　2019 年 7 月 23 日徐州铜山柳泉镇农田干旱情况

图 3.4　2019 年 7 月 23 日徐州经济开发区玉米地干旱情况

南中西部降水量创历史同期新低。淮北部分地区、江淮之间北部、苏南西部达中度干旱，其中宝应和金湖一带、扬州—仪征—六合—浦口一带旱情较重（图 3.5），10 cm 土壤深度相对湿度低于 55%。据气象业务人员调研反馈：徐州和连云港已播田块总体出苗情况良好，基本达到齐苗，有少部分偏迟播的还没有出苗，部分田块有旱情；盐城局部高亢地区旱作田油菜和蔬菜轻微受旱；仪征有旱情，尤其山区灌水存在困难，对秋播有不利影响；南京北部有旱情，部分已出苗的小麦和油菜长势受影响，部分蔬菜受旱较明显，园艺作物人工灌溉压力大。此时正值秋播期，从江苏省农业技术推广总站了解到：由于干旱，淮北地区小麦已经迟于播种适期。

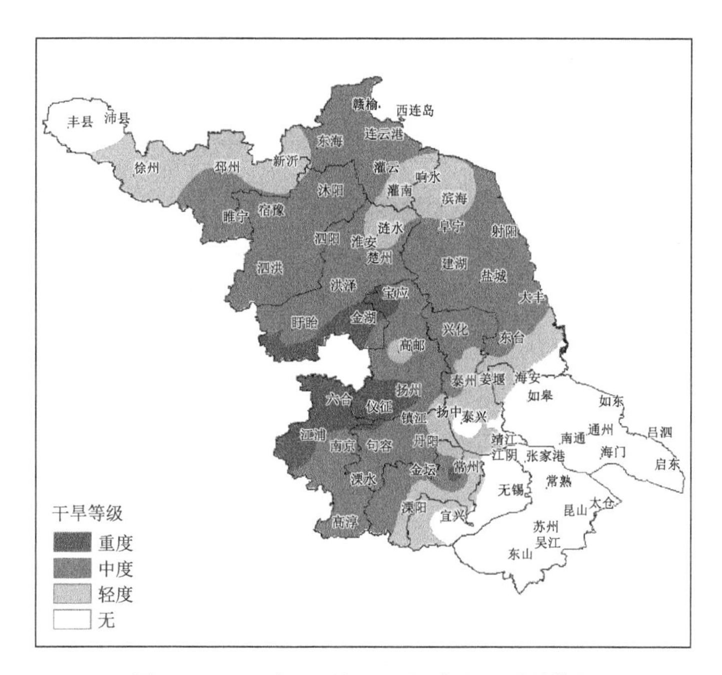

图 3.5 2019 年 10 月 28 日江苏农田干旱等级

④11 月中旬干旱依旧严重，影响麦油的正常播种和出苗

10 月末至 11 月中旬，江苏省降水依旧稀少，田间含水量不断亏缺，旱情逐步加重(图 3.6)，影响油菜移栽与小麦播种出苗。据江苏省农业农村厅种植业管理处灾情调度：截至 11 月 14 日，全省麦油受旱面积达 263 万亩，一些田块出现死苗现象，部分晚播的旱茬小麦因旱不能及时出苗，部分稻茬小麦播后因旱出苗不齐，淮北小麦因旱播种进度迟于适播期(适播期是 10 月 10—25 日)，油菜播种面积因旱减少，生长普遍较慢，苗情整体较弱；部分蔬菜、果园、茶园也受旱明显，其中南京地区 30% 的茶园出现重度干旱(近 5 万亩)、部分茶区绝收面积超过 10%，溧阳茶树受灾面积约 2 万亩，也主要出现在无灌溉措施的茶园，受干旱影响，茶树秋梢生长缓慢，抽枝不足，部分出现枯死情况。干旱导致河湖水位严重下降，对农业灌溉用水造成了紧张局势。

11 月 17—18 日，江苏省东北部和西南部虽然出现了 10 mm 以上的降水，但对旱情的缓解力度有限。11 月 23 日起，淮河以南降雨频繁，部分地区土壤增墒较为明显，尤其南京、扬州、泰州北部的累计雨量均超过了 25 mm，有效缓解了前期较重的

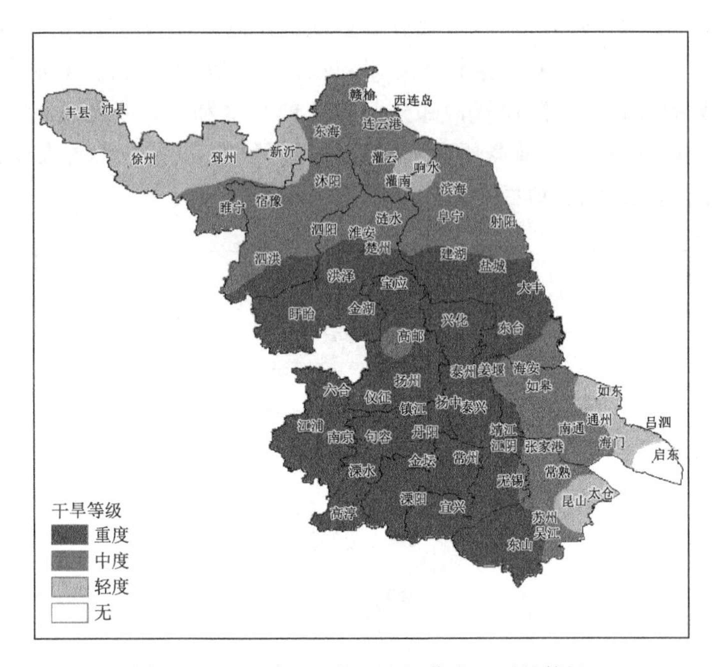

图 3.6　2019 年 11 月 9 日江苏农田干旱等级

旱情，利于小麦、油菜苗情的转化。

(3)7 月 6 日全省范围内出现了一次历史罕见强对流、高杆作物受灾重

受东北冷涡南落影响，7 月 6 日 08 时—7 日 02 时江苏省自北向南出现了一次罕见强对流天气过程，此次强对流持续时间长、影响范围广、风雨强度大，多地出现冰雹。41 个县(区、市)的 147 个乡镇(街道)降水量在 50 mm 以上(占全省 11.8%)，其中 10 个乡镇(街道)超100 mm，最大 142.3 mm(连云港苍梧绿园)。短时降水强度大(图 3.7)，全省有 50 个乡镇(街道)1 h 雨量超 50 mm，最大 1 h 雨量超 100 mm(6 日 14—15 时，连云港市云台农场雨量 104.8 mm)。全省普遍出现 6 级以上雷雨大风，有 58 个县(区、市)的 203 个乡镇(街道)在 8 级以上，其中 11 个乡镇(街道)在 10 级以上，最大 11 级(泗洪陈圩乡，28.7 $m \cdot s^{-1}$)。徐州、连云港、宿迁、淮安、盐城、扬州、常州等地出现冰雹。

强对流所经之处，农业生产均受不同程度的影响(图 3.8)。冰雹将徐州棉花、玉米、果蔬等作物及设施大棚砸坏；强降水导致部分低洼田块出现短时积涝，使得水稻、玉米、大豆、花生等作物被淹；大风导致部分地区玉米等作物倒伏、大棚受损。据省农业农村厅种植业管理处灾情调度，截至 7 月 6 日 18 时，受灾地区主要集中在淮北地区，水稻、玉米、棉花、大豆等受灾面积达 20 多万亩，其中受灾较重面积 8 万多亩，主要是徐州丰沛地区棉花和玉米等高杆作物。此外，宿迁泗洪有近一千亩大棚受损。

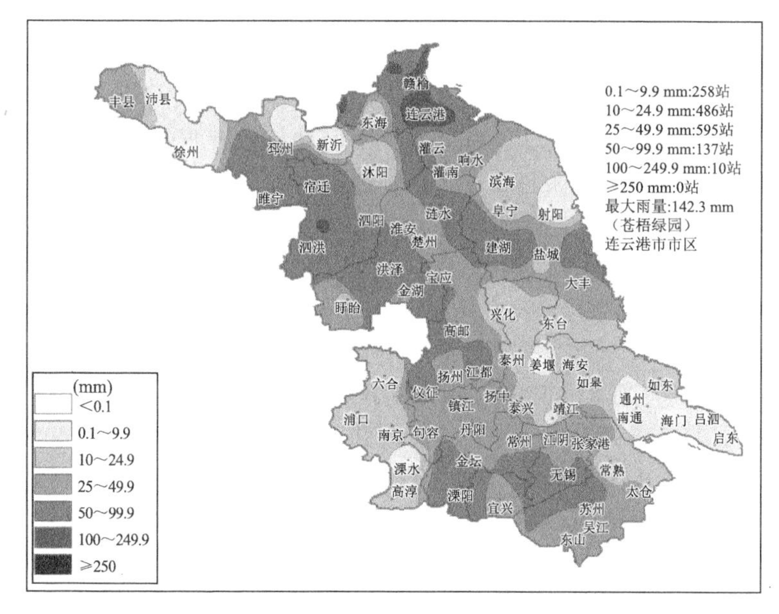

图 3.7 2019 年 7 月 6 日 08 时—7 日 02 时累计降水量

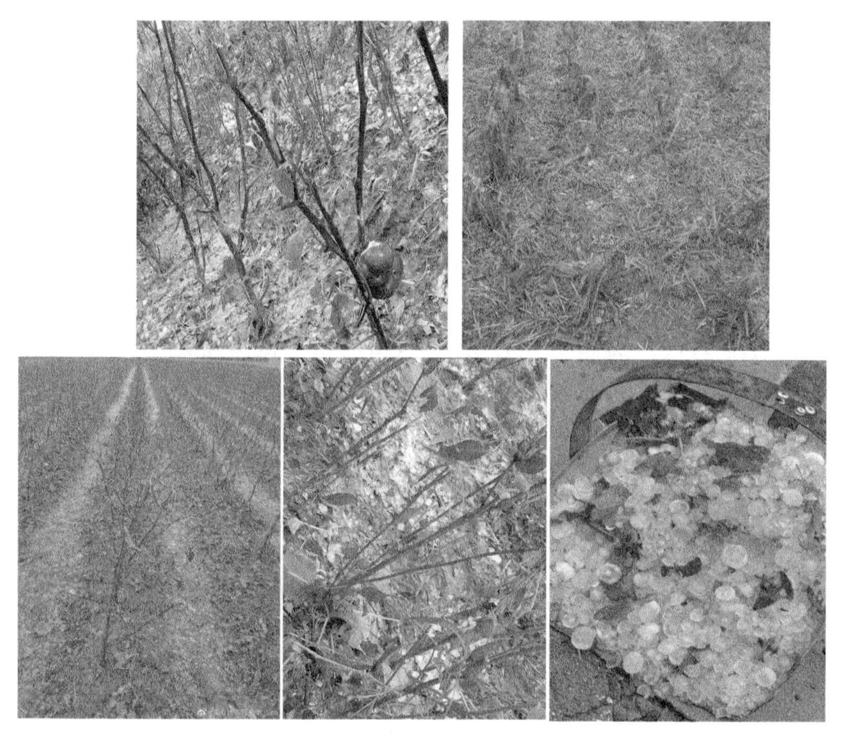

图 3.8 2019 年 7 月 6 日徐州市丰县茄子、玉米、棉花、辣椒遭受冰雹袭击

(4)台风“利奇马”对农业生产利弊兼有

2019年台风影响个数少于上年，对农业生产影响相对比较大的是第9号台风“利奇马”，8月10日22时从太湖南部进入江苏省，经苏州、无锡、南通、盐城北上，11日11时中心位于盐城市响水县境内，11日12时从连云港灌云县灌西盐场(34.5°N、119.8°E)入海。受其影响，9日傍晚起，江苏省淮河以南地区开始出现风雨天气，10—11日普遍出现暴雨到大暴雨天气，中东部地区伴有7级以上偏东大风，太湖及沿海海面10～12级。8日21时—11日11时，常规站累计最大降水过程出现在东海(316.9 mm)，日最大降水量出现在东海(212.5 mm)，极大风速为24.3 $m \cdot s^{-1}$(西连岛)。从加密站累计降水过程来看，最大降水出现在驼峰乡(东海县)，累积降水达352.3 mm，瞬时最大风速出现在苏州太湖小雷山35.1 $m \cdot s^{-1}$(8月10日，12时55分)。“利奇马”是近58年来影响江苏的最强台风，造成的降水强度仅次于历史上“6214”号台风。

受第9号台风“利奇马”影响，10—11日全省普遍出现暴雨到大暴雨天气，有利于河湖蓄水量回升，苏北三大湖水体面积明显增大，缓解苏北地区农田灌溉用水紧张的局势，同时使得全省旱情一度有效解除。

由于台风暴雨雨量过大，田间积水无法及时排出，部分农田被淹，尤其连云港东海地区，累计降水量超过了300 mm，日最大降水量高达212.5 mm，创本站日降水量历史极值，积涝严重(图3.9)；另外，大风天气使得设施大棚受损、高杆作物倒伏。据省农业农村厅种植业管理处灾情调度：徐州、连云港、宿迁等地约382.8万亩农作物受灾，主要集中在徐州、盐城、连云港、宿迁、南通、泰州、常州、淮安地区。从受灾情况来看，水稻、玉米、大豆、蔬菜瓜果等受淹196.29万亩左右，主要集中在玉米；玉米、大豆、水稻等倒伏66.22万亩；园艺设施受损面积1.3万亩，损坏面积1882亩。

水稻受灾相对较轻，但据江苏省植物保护植物检疫站报告，台风暴雨导致补充迁入的稻纵卷叶螟与本地羽化虫源叠加，苏南、沿江及沿淮、淮北等地蛾量上升速度快，部分地区已出现2019年以来最大的成虫峰，田间虫卵量激增，全省稻纵卷叶螟呈偏重以上发生态势，防控形势较为严峻。

(5)4月26—27日的短暂低温对小麦抽穗扬花略有影响

受冷空气影响，4月26—27日全省自北向南出现了不同程度的强降温，4月26日全省绝大部分地区最低气温都低于10 ℃，其中淮北地区仅有4～7 ℃；4月27日，温度进一步降低，全省最低气温均低于10 ℃，其中射阳、东海、赣榆、江都、淮安等地最低气温不足4 ℃。另外，根据全省草温监测站点的数据显示，27日05时长江以北地区的草温均低于4 ℃，其中连云港、江淮之间局部的草温甚至低于0 ℃。4月下旬江苏省冬小麦淮河以南主要处于抽穗开花至灌浆期，淮北地区普遍处于抽穗开花期，为期2 d的短暂低温过程对小麦开花速度和授粉略有影响。

图 3.9　台风暴雨造成连云港东海田间积水、设施大棚被淹

(6)1—2月3次雨雪过程对设施农业有不利影响

2019年1月下旬至2月上旬，江苏省出现3次雨雪过程：1月30日傍晚前后起，江苏省自北向南出现雨雪，1月31日23时沿江及以北大部分地区有积雪，其中江淮之间北部和淮北大部分地区最大积雪深度5 cm以上(东海10 cm，邳州10 cm，泗阳10 cm)，为大到暴雪级别。2月6日夜里到10日全省出现2次明显雨雪天气，其中7日夜里淮河以南地区出现雨转雨夹雪或雪，沿江和苏南地区出现大到暴雪；8日夜里江苏省自西向东出现了明显降雪，淮河以南地区大到暴雪。经统计，截至9日23时，全省大部分地区均有积雪，其中江淮之间南部、沿江和苏南部分地区最大积雪深度5 cm以上(句容17 cm，镇江14 cm，浦口13 cm，江宁12 cm)。

3次雨雪过程局部雨雪量大，造成部分设施大棚坍塌损坏，据江苏省农业部门灾情调度(1月31日)：徐州市1200亩设施大棚受灾，宿迁市15亩大棚坍塌，兴化市107亩大棚倒塌，丰县510亩果树防鸟网受损；2月7—9日雨雪造成全省共9279亩设施大棚不同程度受灾，其中无锡2600亩、扬州2351亩、盐城1300亩、常州1184亩、泰州913.5亩、镇江805亩、南京六合200亩，淮安126亩。露地蔬菜受灾260亩，主要集中在泰州靖江地区。

好在棚内大部分时段最低温度未降至作物生长下限温度以下。通过调查徐州地区 10 个设施大棚内温度资料发现，棚内大部分时段最低温度仍维持在 0 ℃以上。但持续的寡照天气对设施内作物生长不利，加之雪融化后设施内外积水增加，易致棚内湿度更高，从而形成寡照高湿的小气候环境，阻碍作物生长。

2.2020 年江苏主要农业气象灾害

2020 年主要经历了冬季持续阴雨寡照、2 月雨雪冰冻、3 月暴雨大风低温、5 月下旬至 6 月上旬淮北旱情、梅雨期强降水频繁等农业气象灾害，农作物受到不同程度的影响，其中 2 月的雨雪冰冻使得全省小麦冻害发生面积达到 856.7 万亩，6—7 月梅雨期全省农业受暴雨影响总受灾面积 169.47 万亩，损失约 3.55 亿元。淮北地区 5 月下旬至 6 月上旬一度旱情较重。但总体来说，2020 年作物生长关键期气象灾害发生程度相对较轻，对于小麦，抽穗至成熟收获期的光温水配置总体适宜，小麦赤霉病发病较轻，产量好于 2019 年，属丰产气候年景；对于水稻，气象条件总体利大于弊，也属于丰收气候年型。

(1)冬季持续阴雨寡照导致部分田块出现渍害，作物根系生长受阻

2019 年 11 月 24 日—2020 年 1 月 19 日，全省阴雨天气频繁，呈现出三大特征：一是雨日数多，为 1961 年以来同期第 3 多值，各站雨日为 11(丰县)～30 d(昆山)，平均雨日数长达 21 d(常年同期为 12 d)；二是连阴雨持续时间长，共出现了 3 段持续连阴雨过程，分别是 2019 年 11 月 24—12 月 1 日、2019 年 12 月 17—26 日及 2019 年 12 月 29 日—2020 年 1 月 17 日，其中 12 月 29 日—1 月 17 日持续 20 天的连阴雨过程，刷新了 1961 年以来同期最长纪录；三是影响范围广、雨量大，为 1961 年来第 4 多值，连阴雨影响范围覆盖了淮河以南大部分地区，全省平均累计雨量为 114.7 mm，较常年同期偏多 8 成(常年同期为 65.5 mm)。

2019 年 11 月 24 日—2020 年 1 月 19 日持续阴雨天气，导致光照严重匮乏，除了淮北北部和苏南局部，日照时数较常年同期普遍偏少 3～4 成，尤其自 2019 年 12 月下旬以来，淮河以南大部分地区的日平均日照时数基本都不足 3 h，部分地区甚至不足 2 h。由于持续连阴雨，导致田间湿度居高不下，据土壤水分监测(1 月 21 日)，江淮之间西部和苏南绝大部分地区 10 cm 深度的土壤相对湿度均达 100%，部分近期雨量较大的低洼地区发生积水，排水不畅的田块甚至并已出现轻度渍害，影响作物根系生长和养分吸收。光照严重不足，抑制了作物光合产物的积累。

(2)2 月中旬雨雪低温冰冻天气导致作物发生冻害

雨雪和大风实况：受北方强冷空气影响，自 2 月 14 日起出现一次全省范围的雨雪降温过程，全省大部分地区雨雪量超过 10 mm，截至 16 日 20 时，各站雨(雪)量为 9.6(射阳)～29.9 mm(溧水)。溧水和靖江站超过 25 mm，从加密站资料来看，最大值出现在罗圩镇，雨雪量 49.0 mm。全省大部分地区出现中到大雪，其中泗洪、泗阳、淮安市区、浦口等地出现暴雪。16 日 05 时(图 3.10)，大部地区积雪深度达 1～9 cm，其中宿迁南部、淮安大部、盐城大部、南京西北部有 15 个县(区、市)积雪深度达

到 5 cm 以上，前四位分别是：响水 9 cm、金湖 7 cm、盐城 7 cm、兴化 7 cm。另外，15—16 日江苏省大部分地区出现了 6～7 级偏北大风。

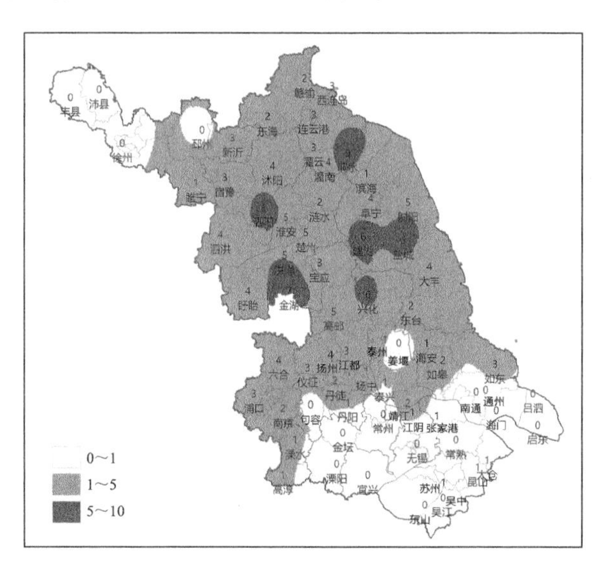

图 3.10　2020 年 2 月 16 日 05 时江苏省积雪深度(单位：cm)

降温和低温实况：截至 16 日 20 时，日最低气温 48 h 变温幅度淮北及江淮之间西部为大值区，降温最大的为泗洪站，48 h 变幅达 16.2 ℃。全省共有 68 个站达到寒潮标准，极端最低气温出现在东海(－6.4 ℃，16 日)。根据国家寒潮标准统计分析，此次寒潮站点数(68 个)、24 h 降温幅度(14.3 ℃)及 48 h 降温幅度(16.2 ℃)均为 2 月历史最大。因此，此次降温过程强度为近 60 年来 2 月历史同期最强。16 日，淮北、江淮之间北部、南京西北部最低气温－6.4～－2.2 ℃，其他地区基本上在－1 ℃左右(吴江和东山除外)；17 日，全省最低气温在 0 ℃以下(苏南南部除外)，淮北大部、江淮之间部分地区、南京西北部最低气温－4.6～－2.2 ℃；18 日，全省最低气温依旧在 0 ℃以下(苏州南部除外)，淮北、江淮之间大部、苏南西部最低气温－5.8～－2.5 ℃。

由于冬季气温异常偏高，全省小麦和油菜生育进程明显提前，群体偏大，小麦旺长、虚长现象普遍，抗冻能力下降。15 日雨雪天气过后，16—18 日出现了低温冰冻天气，导致小麦、油菜、露地蔬菜、苗木花卉等发生冻害，部分已拔节的早播麦田冻害较重，出现主茎冻死，油菜主要是叶片受冻、影响相对较小；低温冰冻利于降低虫口数、减轻后期的病虫危害。降雪较大的盐城等地棚架和棚膜有受损，但面积不大。

①冬季气温异常偏高，小麦和油菜生育进程明显提前，部分田块已拔节或抽薹

自 2019 年 12 月开始，气温异常偏高，全省小麦和油菜生育进程明显提前，全省有 10%左右的小麦提前拔节(主要是 2019 年 10 月底前播种的小麦，约 350 万亩)，

比常年提前近 1 个月，小麦基部节间明显伸长，幼穗分化进程比较快，植株抗寒能力下降，油菜也普遍提前进入蕾薹期。据各地市农业气象业务人员大田调查（2 月 10 日前后）：徐州 2019 年 10 月 10 日前播种的小麦普遍已经拔节，冬季气温偏高，麦油一直处于缓慢生长状态，旺长田块比较普遍；南京有近 3 成的小麦已经拔节、油菜抽薹面积近 7 成；连云港部分早播早茬小麦已拔节，生育进程比往年提前 20 d 左右，东辛基地（10 月 17 日播种）的叶龄已达 8.5 叶；常州小麦生育进程较常年及上年提前 15～20 d。

②此次降温强度为近 60 年历史同期最强，农作物发生冻害，主要集中在已拔节小麦

2020 年 2 月 15 日较强雨雪天气过后，气温大幅下降，48 h 气温最大降幅达 10～16.2 ℃，降温强度为近 60 年来 2 月最强，16—18 日绝大部分地区最低气温均在零下，其中淮北、江淮之间和苏南西部最低气温低至－6.4～－2.2 ℃。对照江苏省气候中心制定的小麦早春霜冻害标准——《农作物冷害和冻害分级：DB 32/T 3524—2019》（江苏省气象局，2019a），最大降温幅度、低温持续时间、最低气温 3 个指标相结合，淮北和江淮之间部分地区已拔节小麦的冻害等级以三级为主。

据农业部门灾情初步调查（2020 年 2 月 19 日前后）：冻害主要发生于已拔节的早播麦田，有的田块主茎冻死率达 80%左右，而且第二节间水渍状明显；苏南、苏中的油菜苗情接近或略好于上年同期，此次冷空气对油菜的冻害主要是叶片，影响相对较小。

盐城全市 31.59 万亩农作物发生冻害，小麦 16.5 万亩、蔬菜 0.94 万亩、油菜 12.55 万亩，蚕豌豆、苗木花卉等其他农作物 1.6 万亩；连云港有 3 万亩已拔节小麦发生严重冻害（10 月上旬前播种），主茎幼穗冻死率在 15%～50%；海安、兴化等地小麦也有冻害发生，主要集中在两个节间伸长的旺长田；南京全市麦油作物冻害比较轻，叶片稍受损，属于一般冻害，冻害面积总体在 8%左右；常州小麦渍害面积 1.4 万亩，冻害面积 0.5 万亩；宿迁全市受冻的小麦主要是一些早播的旱茬田和一些旺长的杂交稻茬田；南通全市油菜冻害主要为叶片冻伤，部分蕾薹受冻，总体影响较小。10 月 25 日前播种的小麦，叶尖受冻卷曲，茎秆冻伤，部分显幼穗冻伤症状。10 月 30 日前及少部分 11 月初播种的小麦，部分叶尖显冻伤症状，少数显幼穗冻伤症状。11 月后播种的小麦，部分受轻微冻害，幼穗未显冻伤症状；据徐州市气象局农业气象业务人员田间调查（2020 年 2 月 18 日）（图 3.11），当地 10 月 10 日前播种的小麦有 15%左右的大茎受冻，9 月 30 日播种的拔节较多，节间拔起的有冻害。小麦受冻面积是 134.36 万亩（共 517.96 万亩小麦），以轻度受冻为主，1.14 万亩旱茬麦受冻严重。

据 13 市调查统计，此次全省小麦冻害发生面积 856.7 万亩，占 24.8%，其中一般性冻害（一级，叶片冻害，对产量基本无影响）729.1 万亩，占 21.1%；中度冻害（二级和三级，群体茎蘖幼穗冻死率 30%左右，对产量影响 10%以内）110.7 万亩，占

图3.11　2020年2月18日徐州受冻小麦

3.2%；严重冻害(四级和五级，群体茎蘖幼穗冻死率50%以上，对产量影响30%以上)16.9万亩，占0.5%，主要集中在苏中地区。

(3)3月下旬暴雨大风降雪低温天气造成部分地区作物倒伏

①2020年3月25—26日出现3月历史少见区域性暴雨

受冷暖气流交汇影响，2020年3月25—26日淮河以南大部分地区大到暴雨、局部大暴雨，淮北北部中到大雨、局部暴雨，17个县的103个乡镇(街道)降水量超过50 mm，其中高邮、邗江、仪征等地雨量均在100 mm以上，26日有7个基本站的雨量刷新了本站3月历史记录。与3月历史区域性暴雨过程相比，此次过程暴雨站数及最大日雨量强度排在第四位，强度偏强，历史少见。

②2020年3月25—26日全省自北向南出现偏北大风

受冷空气影响，3月26日05时—27日05时全省自北向南出现偏北大风(图3.12)，连云港、赣榆、亭湖等25个县(区、市)的56个乡镇(街道)日极大风达到8级以上，其中10级以上有6个，前3位分别是连云港连云区平山岛11级(28.6 $m \cdot s^{-1}$)、连云港车牛岛10级(28 $m \cdot s^{-1}$)、连云港旗台山10级(27.3 $m \cdot s^{-1}$)。

③2020年3月28日沿江和苏南地区出现雨雪低温

2020年3月28日凌晨沿江苏南地区出现雨夹雪或雪，雨雪量中等，全省大部分地区降温幅度达10 ℃左右，其中沿江和苏南绝大部分地区最低气温降至0～1 ℃，3月29日开始最低气温回升至4 ℃以上。

此次暴雨强度强，且普遍伴随6～8级的偏北大风，沿江苏南地区28日还出现了降雪，在多种不利天气的叠加影响下，局部小麦和油菜出现了倒伏(图3.13)，倒伏容易影响后期籽粒灌浆的饱满度，也容易增加病虫害的风险，同时沟系不通，排水不佳的田块有短时积水，土壤过湿，影响作物根系的正常生长。据农业农村厅初步灾情调度，镇江、南通、泰州、常州等地小麦和油菜均有倒伏发生，里下河局部田块出现积水。

2020年由于前期气温异常偏高，小麦生育进程明显提前，3月末沿苏南大部分地

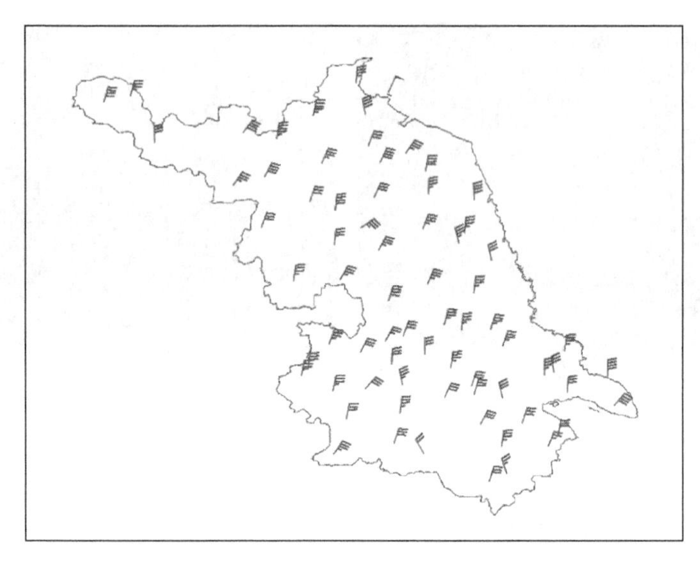

图 3.12　2020 年 3 月 26 日 05 时—27 日 05 时大风分布(单位:m·s^{-1})

图 3.13　2020 年 3 月 28 日泰州倒伏的小麦(a)和油菜(b)

区小麦已处于孕穗期,部分早播的已开始抽穗。3 月 28 日沿江和苏南最低气温仅有 0～1 ℃,低温对孕穗期小麦易导致受精结实不良,甚至出现“空壳穗”或“半截穗”,对抽穗期小麦易造成小花退化、生殖生长受阻;低温对开花结荚期的油菜也会造成一定伤害。所幸田间积雪融化快,低温持续时间短,29 日开始最低气温回升至 4 ℃以上,且在降温之前已有较强降水,田间湿度大,有效减轻了低温影响,此次低温雨雪过程没有造成大范围灾害。

2020 年茶树生育期也较往年提前，3 月下旬部分春茶已经陆续开采，此次雨雪低温对部分茶树产生不利影响(图 3.14)，同时影响采摘进度。据农业部门统计，南京、宜兴、镇江等地出现雪压苗的现象，严重的茶蓬积雪 2 cm 以上，金坛、句容等地由于大风影响，出现茶苗大面积压弯现象。

图 3.14　2020 年 3 月 28 日早晨江宁(a)、溧水(b)部分茶园受灾

(4)5 月下旬至 6 月上旬淮北地区旱情对农作物生长和农业生产产生不利影响

由于 2020 年 5 月中旬降水分布不均，江苏省西北部、东南角的旬累计降水量普遍不足10 mm(图 3.15)。据土壤水分监测：至 5 月 20 日，淮北部分高亢丘陵地方显旱象。随着气温偏高，田间蒸发量不断加大，苏北大部分地区及宁镇丘陵山区旱情进一步加重。至 6 月 10 日，淮北北部和江淮之间中西部部分地区 10 cm 土壤相对湿度不足 50%，甚至低至 40%以下，已达到中度(及以上)干旱，对春播旱作物、蔬菜生长和夏种有不利影响。

(5)梅雨期强降水频繁不利于在田作物的生长

①梅雨期特征

2020 年江苏省梅雨期明显偏长，强降水过程频繁，雨量显著偏多。具体特征如下：

· 入梅偏早，梅期偏长，雨量显著偏多

6 月 9 日，江苏省淮河以南地区自南向北先后入梅，比常年(6 月 18—20 日)偏早；7 月 21 日自南向北出梅，出梅偏晚(常年 7 月 10—12 日)。梅期持续 43 d，梅期偏长(常年 23～24 d)，列有气象记录以来第 2 位(表 3.1)。

淮河以南地区平均梅雨量 582.5 mm(表 3.1)，是常年梅雨量的 2.47 倍，为有气象记录以来第 2 多值(仅次于 1991 年 738.8 mm)，最大雨量浦口区桥林乌江达

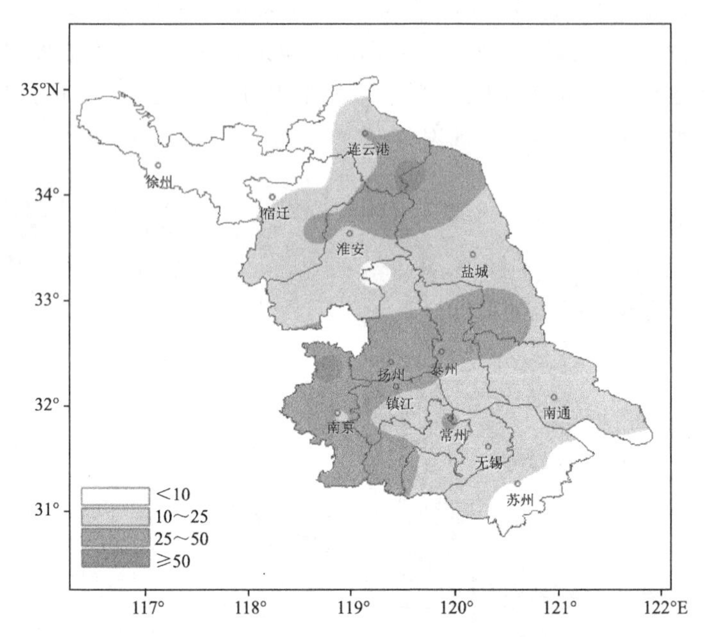

图 3.15 江苏省 2020 年 5 月中旬累计降水量空间分布(单位:mm)

998.0 mm。期间淮北地区也出现明显降水,平均雨量 526.8 mm。全省平均雨日 26 d,江阴、宜兴、太仓多达 34 d。

表 3.1 江苏省有气象记录以来梅期及梅雨量排序

梅期长短排序		淮河以南地区平均梅雨量排序	
年份	梅长(d)	年份	梅雨量(mm)
1982、1999	45	1991	738.8
1980、2020	43	2020	582.5
1974	41	2016	503.9

·强降水过程频繁,覆盖范围广,降水强度大

梅雨期间共经历了 10 次强降水过程,分别为 6 月的 12—13 日、14—16 日、16—18 日、22—23 日、27—29 日和 7 月的 2—3 日、5—7 日、11—13 日、14—17 日、17—20 日。强雨带南北摆动,覆盖范围广,98.6%的县(市)出现暴雨,全省平均暴雨日数 3.3 d,金坛的暴雨日数多达 8 d;34 个县(市)出现大暴雨,金坛和阜宁大暴雨日数 3 d。降水强度大,东海、赣榆、连云港西连岛、沭阳和苏州 5 站日雨量刷新有气象记录以来同期(6 月 9 日—7 月 20 日)极值。短时降水强度大,最大 1 h 雨量达 153.7 mm(金湖闵桥镇),最大 6 h 雨量达 260.2 mm(江宁陆郎小学)。

②农情分析

梅雨期间(6 月中旬至 7 月中旬),水稻处于移栽—分蘖期,夏玉米处于播种出苗至拔节期,大豆处于播种出苗至第三真叶期。梅雨初期光温适宜,有利于活棵返青,但分蘖期由于光照严重不足使得淮河以南水稻生育期进程有所推迟,淮北地区水稻生育期正常;雨量显著偏多导致水稻、玉米、大豆等在田作物被淹,所幸受灾面积占比小,梅雨期间部分地区渍涝害逐步加重,土壤肥力流失严重,旱作物、蔬菜、特粮特经等作物根系生长乏力,淮北局部地区玉米、大豆有烂种与烂苗现象;2020 年由于入梅早且强降水频繁,田间湿度居高不下,秋熟作物重大病虫害总体呈偏重发生态势。

· 梅雨期首场强降水有效缓解了淮北旱情,夏种用水也得到有效补充

6 月上旬苏北大部分地区因降水持续偏少,加之气温持续明显偏高,农田土壤墒情持续下降,淮北北部和江淮之间中西部部分地区 10 cm 土壤相对湿度不足 50%,甚至低至 40%以下,已达到中度(及以上)干旱,6 月 11—13 日迎来了入梅后的首场强降水,有效缓解了淮北旱情,夏种用水也得到有效补充。

· 梅雨期间 7 月 6 日的强对流导致局部果园受灾

7 月 6 日,沿淮和淮北地区出现强对流天气,连云港、盐城、淮安、宿迁、等地日极大风达到 8 级以上,其中灌南县出现陆上 8～10 级、港口地区 10～11 级雷暴大风、强雷电和短时强降水等强对流天气,造成多处葡萄园受灾,其中最为严重的是堆沟港镇,据当地农业部门灾情统计:堆沟港镇葡萄全面受灾,受灾面积 1000 余亩,有 500 余亩钢架大棚损害严重。

· 梅雨期间持续阴雨寡照导致苏中和沿江苏南地区水稻生育进程推迟

2020 年整个梅雨期长达 43 d,位列有气象记录以来第二位,全省平均雨日 26 d。6 月中旬至 7 月中旬淮河以南大部分地区日平均日照时数为时数不足 3 h,光照严重不足,苏中及沿江苏南地区水稻出叶速度降低、分蘖减慢,水稻生育进程推迟、干物质积累不足,苗情不平衡性突出。据 7 月 7 日江苏省农业技术推广系统苗情调查统计,苏中及沿江苏南地区机插稻叶龄 6.5～8.5 叶、茎蘖数 15～23 万 · 亩$^{-1}$,直播稻叶龄6～7.5 叶、茎蘖数 18.5 万～28 万 · 亩$^{-1}$。生育进程比上年同期慢 0.5 叶左右,平均茎蘖数少 2.0 万/亩。淮北地区水稻生育进程与上年同期相仿;部分早栽(播)田块已进入无效分蘖期,迟栽(播)田块刚开始活棵分蘖;全省地区间、田块间水稻生育进程差异较大。

· 梅雨期强降水频繁导致局部田块被淹、部分田块有渍害

2020 年梅雨期强降水过程频繁,共出现了 10 次强降水;覆盖范围广,98.6%的县(市)出现暴雨;雨量显著偏多,淮河以南平均梅雨量 582.5 mm,是常年的 2.47 倍,为有气象记录以来的第二位。持续强降水导致水稻、玉米、大豆等在田作物发生淹水或倒伏,所幸受灾面积占比小。据江苏省农业农村厅 6 月 23 日灾情调度:全省农业受暴雨影响总受灾面积 169.47 万亩,其中受淹 164.47 万亩、倒伏 1.33 万亩、绝收 3.67 万亩(大部分田块均可改补种)。受淹作物中,水稻面积 90.01 万亩、玉米

32.03 万亩、蔬菜瓜果 19.58 万亩、大豆 11.19 万亩；绝收作物中，大豆 1.51 万亩、蔬菜瓜果面积 1.26 万亩、水稻 0.66 万亩、玉米 0.12 万亩。设施园艺大棚受损 3429 个，面积 2.14 万亩，面积约 0.07 万亩。全省预计损失约 3.55 亿元。据江苏省农业农村厅 7 月 19 日灾情调度：全省农业受灾面积 24.9 万亩，主要集中在苏州、连云港、盐城、南京等地，处于受淹状态 23.4 万亩，倒伏 1 万亩。受淹作物中，水稻 15.5 万亩、玉米 2.9 万亩、蔬菜瓜果 1.6 万亩、大豆 1.3 万亩；设施园艺大棚新增受损 20 个。梅雨期间持续降雨使得渍涝害逐步加重，7 月中旬淮河以南部分地区渍害达中度，苏南局部地区偏重。

· 入梅早且降水多而强使得迁飞型害虫迁入早、迁入虫量大

受入梅早、雨量多、强度强等影响，迁飞型害虫迁入江苏省的时间明显偏早，据江苏省植物保护植物检疫站监测和预测：水稻“两迁”害虫迁入早、迁入虫量大，7 月中旬前期苏南、沿江多地已出现较大的成虫峰，成虫数量显著高于上年及常年同期。对于去年首次入侵江苏省的草地贪夜蛾，2020 年在江苏省也是迁入早、迁入范围大。

3.2021 年江苏主要农业气象灾害

2021 年主要经历了 1 月强寒潮、春季强对流、7 月梅汛期暴雨和台风烟花袭击、10 月强降温等农业气象灾害，小麦、油菜、水稻、大豆、玉米与设施农业等受到不同程度的影响，其中影响最大的是 1 月全省冬小麦发生冻害面积高达 2040.92 万亩，创近 20 年之最，9 月旱作物因田间过湿收获进度异常缓慢，10 月近 1/3 水稻发生倒伏，为历史罕见。对于小麦，抽穗至成熟收获期的光温水配置总体适宜，小麦赤霉病因防治到位发病总体较轻；对于水稻，尽管后期有大面积倒伏，但此时大部分水稻已成熟，对最终产量影响有限，也属于丰收气候年型。

(1)2021 年 1 月上旬遭受 2 次寒潮天气影响，冬小麦冻害面积创近 20 年之最

2021 年 1 月初受前一次强冷空气的后续影响，温度持续偏低，好在此轮降温前先有明显雨雪，降低了低温伤害程度，虽然在田小麦、油菜、露地蔬菜及茶叶等均遭受了不同程度的冻害，但大多数田块仅表现为叶片冻伤，只是有些小苗、弱苗和旺长田块冻害较重。而前一次的冻害尚未恢复，1 月 5—7 日受新一轮强冷空气影响，全省再次出现大范围的寒潮降温天气过程，过程最低温度较上一轮过程更低，7—8 日早晨最低气温淮北地区－14～－12 ℃，江淮之间－10～－9 ℃，苏南地区－7 ℃左右。全省有严重冰冻，日最高气温也普遍在 0 ℃以下，1 月上旬全省近一半站点平均气温列 1961 年以来历史同期低值的前五位。部分田块冻害进一步加重。且此次降温过程无雨雪相伴，全省土壤水分处于亏缺状态，部分地区露旱象。土壤普遍偏干一定程度上也加重了低温对作物的伤害。

前期接连的寒潮天气影响，在田麦油、蔬菜等作物均受到不同程度的冻害，并在中旬前期先后显现受冻症状。据农业部门实地调研显示，不同小麦田块冻害程度差异极大，主要表现为：壮苗冻害轻，而旺长苗、弱小苗、吊根苗、露籽苗和寒潮来临前的化除苗等冻害较重，大范围为叶片受冻，也有少数部分主茎或大蘖受冻，部分田块有

死苗现象。据江苏省农业技术推广总站统计，全省小麦冻害发生面积2040.92万亩，占56.68%，是上一年度冬季冻害发生面积的12.6倍，面积之大、程度之重为近20年来之最。其中：一级冻害1506.99万亩，占全省小麦播种面积的41.86%；二级冻害409.08万亩，占11.36%；三级冻害92.96万亩，占2.58%，四级冻害24.50万亩，占0.68%，五级冻害7.39万亩，占0.21%。以叶片冻害为主、对产量影响不大的一级、二级冻害合计1916.07万亩，占播种面积的53.22%，冻害较重、对产量有影响的三级以上冻害面积124.85万亩，占3.47%。

(2)4月末至5月强对流天气频发，局地农业生产受灾

4月29日和30日江苏省沿江及以北大部分地区遭受大风、冰雹等强对流天气袭击。30日全省13个市的630个乡镇(街道)(占全省50.4%)日极大风达到8级(17.2 m·s^{-1})以上，153个乡镇(街道)(占全省10.2%)日极大风达到10级(24.5 m·s^{-1})以上。徐州、宿迁、连云港、淮安、盐城、扬州、泰州、南通和常州9个市的23个乡镇(街道)出现冰雹，最大冰雹直径3～5 cm(宿迁市泗阳城区、淮安观测站)。

此次强对流天气给局地农业生产造成了不同程度的损失：一是导致防护能力差的设施大棚结构受损和棚膜撕毁，严重的发生倒塌；二是部分小麦、油菜、蚕豌豆植株不同程度倾斜倒伏，甚至茎秆折断，将导致植株水分、养分运输受阻，影响光合积累，降低千粒重，最终导致减产；三是导致果树落果、小麦穗头及油菜角果砸落等无法恢复的机械损伤。据江苏省农业技术推广总站农情调度，此次大风冰雹天气共造成61.5万亩农作物不同程度受灾，其中夏熟粮油作物受灾面积34.5万亩、蔬菜水果等经济作物受灾27万亩。夏熟粮油作物受灾较重的有宿迁、盐城、南通、淮安以及连云港、扬州、泰州等市。经济作物受灾较重的有南通、淮安、宿迁、盐城、徐州等市。

5月出现多个强对流天气过程，好在强对流发生区域均较小，影响总体较轻，只是造成局部地区麦油倒伏、水果落果、设施受损等灾害。其中影响较明显的过程出现在14—15日，受低空西南风急流和切变线共同影响，全省大部分地区出现降水，其中14日江淮之间中北部及淮北地区小到中雨、局部大雨，其他地区中到大雨、局部暴雨。当日下午，丹阳延陵行宫村、丹阳练湖、苏州吴中区西山出现直径2 cm以下冰雹，19时前后苏州吴江盛泽镇出现龙卷，为EF3级；15日沿江及以北地区中到大雨、局部暴雨，其他地区小到中雨，全省有155个乡镇(街道)出现8级以上大风。此次过程造成局部田块的麦穗受损，部分播种量大、返青肥氮肥偏重小麦田块出现倒伏，但受灾面积较小，总体影响有限。

(3)小麦抽穗扬花期多阴雨天气利于赤霉病发生发展，好在防治及时

4月20日—5月6日全省多阴雨天气，该时段正值冬小麦自南向北进入大面积抽穗扬花期，适温高湿天气与抽穗扬花期吻合非常利于赤霉病发生发展，好在江苏省植保部门根据4月上中旬的赤霉病发生趋势预测预警，全省开展统防统治，防治及时到位，总体为轻发生。

(4)7月上旬为梅雨降水集中期,持续阴雨寡照天气对作物生育进程略有影响

2021年入梅略偏早,出梅正常,梅期略偏长。6月13日江苏省淮河以南地区入梅,入梅略偏早(常年6月18—20日)。7月11日出梅,出梅正常(常年7月10—12日)。梅期29 d,略偏长(常年23～24 d)。淮河以南地区梅雨量偏少,苏南偏少较为明显;淮北地区雨量则较常年同期偏多。降水呈过程性、间歇性特征,区域性暴雨过程偏少,梅雨期高温高湿特征明显,多强对流天气,局地短时降水强度大。7月上旬处于梅雨降水集中期,江苏省大部分地区多阴雨天气,持续阴雨寡照天气对作物生育进程略有影响,强降水区域导致局部排水不畅或低洼田块一度出现短暂积涝。

(5)7月中旬淮北多强降水过程,导致部分作物受灾

7月中旬,淮北地区多强降水过程,尤其是15—17日出现连续性暴雨,还伴有8～12级雷暴大风和局部小冰雹等强对流天气,7月12—18日沿淮淮北地区累计雨量达110～200 mm,雨量明显多于常年同期,导致部分作物受灾。

据相关部门7月18日初步统计,种植业受灾面积96.3万亩,其中受淹面积94.78万亩,分别为水稻43.63万亩,玉米16.89万亩,大豆4.66万亩,蔬菜瓜果27.21万亩,其他1.79万亩;倒伏面积0.6万亩,分别为玉米0.52万亩,大豆0.03万亩,林果折断落果0.06万亩;设施大棚受损8278个,受损、损坏0.68万亩,连云港灌云、灌南、海州等地农田积水严重、受淹面积大,79.4万亩,其次宿迁沭阳、泗阳、宿豫区、泗洪等地受淹14.6万亩,另盐城市的滨海和阜宁,扬州广陵、江都区、高邮,镇江句容等地部分受灾。

(6)7月下旬台风“烟花”导致作物受淹、倒伏及设施受损

7月26日17时—28日01时,6号台风“烟花”以“热带风暴”强度从苏南穿过,历经32 h;29日05—10时,减弱后的热带低压在江苏省丰县停留约5 h。台风“烟花”共在江苏省停留约37 h,是有记录以来停留时间最长的台风。台风“烟花”24日凌晨开始影响江苏省,29日上午基本结束,影响时间长、范围广,风雨强,全省平均过程雨量220.9 mm,已接近常年平均梅雨量,是有记录以来影响江苏过程雨量最大的台风;28日,有6个县(市、区)日雨量超有气象记录以来极值;台风影响期间,内陆最大风力普遍达7～9级,太湖及沿海海面10～11级。台风影响期间正值水稻生长关键期,台风暴雨导致水稻受淹,搁田效果偏差。据全省农业农村系统初步调度,截至7月30日16时,全省农业生产受台风“烟花”影响,主要灾情:全省农作物累计受灾面积约173万亩,主要是作物受淹(图3.16)、倒伏及设施受损,预估损失23795万元。从灾害情况看,成灾13万亩、绝收2万亩,设施大棚受损毁坏2.6万、3.7万亩;从受灾作物看,玉米78.6万亩、水稻40.8万亩、大豆18.7万亩、蔬菜瓜果15.99万亩、其他约19.3万亩;从受灾地区看,徐州66.8万亩、宿迁46.2万亩、扬州19.4万亩、南通10.5万亩、连云港9.76万亩。

图3.16　2021年7月下旬扬州(a)和泰州(b)水稻田被淹

(7)9月淮北降水异常偏多，部分地区出现渍涝和积水，旱作物收获进度一度受阻

9月上旬江苏省北部出现两次强降水过程：9月1日、4日江淮之间北部和淮北地区大到暴雨，局部大暴雨，日照明显不足，对水稻抽穗开花不利，田间湿度持续偏高，对玉米、大豆等旱作物也带来较为不利的影响。中旬淮北北部降水依旧多于常年，据江苏省气候中心土壤水分监测，9月20日淮北北部10 cm土壤相对湿度仍在90%以上，有轻度渍涝。下旬受24—26日和28—29日降水过程影响，徐州西北部、沿淮、盐城、沿江部分地区土壤偏湿，10 cm处土壤相对湿度均在90%以上，不利于收割机械下田作业，部分地区玉米、大豆等旱作物受灾。据农业部门反馈，丰县29日有2.1万亩田块积水，沛县受灾面积大约10万亩。此时淮北夏玉米和大豆已经开始收获，由于淮北部分旱作田块出现渍涝和积水，导致收割机械难以下田，收获进度一度受影响，好在排水较及时，大型收获机械在3 d后基本可以进入收获。

(8)10月中旬前后水稻发生大面积倒伏

10月中旬受强冷空气影响，全省大部分地区出现中雨，淮河以南局部地区大雨，17—18日气温明显偏低，长江以北大部分地区最低气温为1.3～8 ℃，其中丰县17日最低气温仅1.3 ℃，沿淮和淮北地区出现霜或霜冻。受降雨和前期综合影响，水稻发生大面积倒伏(图3.17)。与农业部门联合分析，水稻倒伏原因主要有3个：一是搁田期遇连阴雨寡照天气，部分田块搁田不充分，导致群体偏大，根系发育不良，抗倒性降低；二是9月江苏省以晴好天气为主，全省月平均气温23.2～26.9 ℃，与常年同期相比，偏高1.2～3.4 ℃，大部分地区创1961年以来历史同期最高，温度异常偏高，光照足，加快了水稻灌浆进程，稻谷充实度明显高于常年，稻穗较重加大了茎秆的压力；三是10月中旬的降雨加重了稻株上部的重量，部分水稻根茎难以承受其重，“头重脚轻”导致了倒伏的发生。据农业农村厅种植业管理处灾情调度：大约有260万亩的水稻倒伏。由于此时大部分水稻已成熟，对最终产量影响有限。

图3.17　2021年10月中下旬苏南水稻倒伏田块

3.3　低温灾害

1. 定义

·冷害：在农作物生长的关键生育期，气温低于生长下限温度、高于0 ℃，引起农作物生长发育受阻，甚至减产的低温灾害（徐敏 等，2015）。

·冻害：农作物在越冬期间，因0 ℃以下低温，引起植株体冰冻而丧失生理活力，甚至死亡的低温灾害（孔维财 等，2021）。

·霜冻：农作物生长关键生育期，最低气温骤降至4 ℃以下，造成植株受害，甚至死亡的低温灾害。

2. 冷害、冻害、霜冻等级指标

根据《农作物冷害和冻害分级：DB 32/T 3524—2019》（江苏省气象局，2019a），将主要农作物冷害、冻害、霜冻的等级共分为4级。具体如下：

一级：轻微，农作物可恢复生长，生产上可不采取特别的恢复措施。

二级：中度，对生长发育和产量有影响。

三级：严重，对生长发育和产量有较大影响。

四级：特别严重，对生长发育和产量有很大影响。

（1）春季低温冷害等级指标

春季低温冷害等级指标见表3.2。

表3.2　春季低温冷害等级指标

级别	代表作物		致灾气象因子			冷害特征描述
	类型	生育期	最大降温幅度（℃）	最低气温（℃）	持续天数（d）	
一级	水稻	幼苗期	$4<T\leqslant 6$	$14<t\leqslant 16$	$2<D\leqslant 3$	叶片发黄、发涩，分蘖速度减慢或停止
二级	水稻	幼苗期	$6<T\leqslant 8$	$12<t\leqslant 14$	$2<D\leqslant 3$	出苗率低，出苗速度慢，发根缓慢
三级	水稻	幼苗期	$8<T\leqslant 10$	$10<t\leqslant 12$	$2<D\leqslant 3$	基本不发根、不长叶，烂秧、死苗10%以上
四级	水稻	幼苗期	$T>10$	$t\leqslant 10$	$3<D\leqslant 5$	生长停止，烂秧、死苗40%以上

注：水稻春季低温冷害等级指标主要应用时段是4月底至6月中旬。T：最大降温幅度；t：最低气温；D：持续天数。

（2）秋季低温冷害等级指标

秋季低温冷害等级指标见表3.3。

表3.3　秋季低温冷害等级指标

级别	代表作物		致灾气象因子			冷害特征描述
	类型	生育期	最大降温幅度（℃）	最低气温（℃）	持续天数（d）	
一级	水稻	抽穗结实期	$6<T\leqslant 8$	$14<t\leqslant 16$	$2<D\leqslant 3$	抽穗延迟，灌浆速度减慢，结实率、粒重低
二级	水稻	抽穗结实期	$8<T\leqslant 10$	$12<t\leqslant 14$	$2<D\leqslant 3$	花时延迟，开花零散，不孕颖花增加
三级	水稻	抽穗结实期	$10<T\leqslant 12$	$10<t\leqslant 12$	$2<D\leqslant 3$	枝梗和颖花退化，颖花数显著减少
四级	水稻	抽穗结实期	$T>12$	$t\leqslant 10$	$3<D\leqslant 5$	空壳和瘪粒增加，粒重显著降低，产量损失40%以上

注：水稻秋季低温冷害等级指标主要应用时段是9月下旬至10月上中旬。T：最大降温幅度；t：最低气温；D：持续天数。

（3）冻害等级指标

冬季冻害等级指标见表3.4。

表3.4　冬季冻害等级指标

级别	代表作物		致灾气象因子			冻害特征表述
	品种	生育期	日平均降温（℃）	平均气温（℃）	持续天数（d）	
一级	小麦	分蘖期	$4<M\leqslant 5$	$-5<m\leqslant -3$	$D\geqslant 3$	心叶叶片冻枯50%以内
	大麦			$-4<m\leqslant -2$	$1<D\leqslant 3$	
	油菜	越冬期		$-5<m\leqslant -3$	$2<D\leqslant 4$	仅个别大叶受冻，受害叶局部萎缩或枯焦
	蚕豆			$-3<m\leqslant -1$	$2<D\leqslant 4$	叶片受冻发黑

续表

级别	代表作物		致灾气象因子			冻害特征表述
	品种	生育期	日平均降温（℃）	平均气温（℃）	持续天数（d）	
二级	小麦	分蘖期	$5<M\leqslant8$	$-8<m\leqslant-5$	$D\geqslant3$	叶片全部冻枯，分蘖节、生长锥未死
	大麦			$-6<m\leqslant-4$	$2<D\leqslant4$	
	油菜	越冬期		$-8<m\leqslant-5$	$3<D\leqslant5$	有半数叶片受冻，受害局部或大部萎缩、焦枯，但心叶正常
	蚕豆			$-4<m\leqslant-3$	$3<D\leqslant5$	大部分叶片受冻发黑，部分分枝冻死
三级	小麦	分蘖期	$8<M\leqslant12$	$-12<m\leqslant-8$	$D\geqslant3$	主茎和大分蘖的生长锥冻死小于20%，分蘖部分冻死
	大麦			$-10<m\leqslant-6$	$2<D\leqslant4$	
	油菜	越冬期		$-12<m\leqslant-8$	$3<D\leqslant5$	全部叶片大部分受冻，受害叶局部或大部萎缩、焦枯，心叶正常或叶微受冻害，植株尚能恢复生长
	蚕豆			$-8<m\leqslant-4$	$3<D\leqslant5$	全部叶片受冻发黑，部分分枝冻死
四级	小麦	分蘖期	$M>12$	$m<-12$	$D\geqslant2$	主茎和大分蘖的生长锥冻死率50%左右
	大麦			$m<-10$	$1<D\leqslant2$	
	油菜	越冬期		$m<-12$	$2<D\leqslant3$	全部叶片受冻、萎缩、焦枯，心叶正常或叶冻害严重，植株不能恢复生长
	蚕豆			$m<-8$	$2<D\leqslant3$	整株冻死，不能恢复生长

注：主要应用时段是12月下旬至次年2月中旬，针对处于返青期尚未拔节的正常麦苗，如果因早播或暖冬提前拔节的冻害级别需参照早霜冻害标准。M：日平均降温；m：平均气温；D：持续天数。

(4)春季霜冻等级指标

早春霜冻等级指标见表3.5。

表3.5　早春霜冻等级指标

级别	代表作物		致灾气象因子			霜冻特征表述
	品种	生育期	最大降温幅度（℃）	最低气温（℃）	持续天数（d）	
一级	小麦	返青拔节期	$8<T\leqslant10$	$-2\leqslant t$	$3<D\leqslant5$	叶片受冻，主茎幼穗冻死率≤20%
	大麦			0 ℃左右	$2<D\leqslant4$	
	油菜	返青抽薹期		$-2<t\leqslant0$	$1<D\leqslant2$	蕾薹轻度受冻，但可恢复生长
	蚕豆	返青现蕾期		$1<t\leqslant3$	$2<D\leqslant4$	叶片受冻，分枝冻死率≤20%
二级	小麦	返青拔节期	$10<T\leqslant12$	$-3<t\leqslant-1$	$3<D\leqslant5$	叶片受冻，主茎、幼穗20%≤冻死率≤50%
	大麦			$-2<t\leqslant0$	$2<D\leqslant4$	
	油菜	返青抽薹期		$-3<t\leqslant-1$	$1<D\leqslant2$	蕾薹受冻，茎秆纵裂，主茎弯曲
	蚕豆	返青现蕾期		$-1<t\leqslant1$	$2<D\leqslant4$	叶片受冻，20%<分枝冻死率≤50%

续表

级别	代表作物		致灾气象因子			霜冻特征表述
	品种	生育期	最大降温幅度(℃)	最低气温(℃)	持续天数(d)	
三级	小麦	返青拔节期	$12<T\leqslant15$	$-5<t\leqslant-3$	$2<D\leqslant4$	叶片受冻，50%≤主茎、幼穗冻死率<100%
	大麦			$-3<t\leqslant-1$	$1<D\leqslant3$	
	油菜	返青抽薹期		$-5<t\leqslant-3$	$1<D\leqslant2$	蕾薹受冻，茎秆折断枯死
	蚕豆	返青现蕾期		$-3<t\leqslant-1$	$1<D\leqslant3$	叶片受冻，分枝冻死率>50%
四级	小麦	返青拔节期	$T>15$	$t\leqslant-5$	$1<D\leqslant3$	叶片受冻，主茎幼穗冻死率100%，分蘖、幼穗大部分冻死
	大麦			$t\leqslant-3$	$0<D\leqslant2$	
	油菜	返青抽薹期		$t\leqslant-5$	$1<D\leqslant2$	蕾薹冻死，茎秆折断枯死
	蚕豆	返青现蕾期		$t\leqslant-3$	$0<D\leqslant2$	叶片受冻，分枝100%冻死折断枯死

注：早春霜冻等级指标主要应用时段是2月中旬至3月上旬。T：最大降温幅度；t：最低气温；D：持续天数。

晚春霜冻等级指标见表3.6。

表3.6　晚春霜冻等级指标

级别	代表作物		致灾气象因子			霜冻特征表述
	品种	生育期	最大降温幅度(℃)	最低气温(℃)	持续天数(d)	
一级	小麦	拔节至抽穗期	$8<T\leqslant10$	$2<t\leqslant4$	$1<D\leqslant3$	主茎和大分蘖幼穗冻死率10%，不影响产量
	大麦			$3<t\leqslant4$	$1<D\leqslant3$	
	油菜	开花至结荚期		$2<t\leqslant4$	$1<D\leqslant3$	造成阴荚、阴角
	蚕豆	开花至结荚期		$3<t\leqslant4$	$1<D\leqslant3$	造成脱落增加
二级	小麦	拔节至抽穗期	$10<T\leqslant12$	$0<t\leqslant2$	$2<D\leqslant4$	主茎和大分蘖幼穗冻死率20%～40%，颖花退化，产量减产10%～20%
	大麦			$1<t\leqslant3$	$1<D\leqslant3$	
	油菜	开花至结荚期		$0<t\leqslant2$	$2<D\leqslant4$	植株受冻，落花、落角
	蚕豆	开花至结荚期		$1<t\leqslant3$	$1<D\leqslant3$	植株受冻，落花增加
三级	小麦	拔节至抽穗期	$12<T\leqslant15$	$-2<t\leqslant0$	$1<D\leqslant3$	主茎和大分蘖幼穗冻死率60%～80%，产量减产30%～40%
	大麦			$-1<t\leqslant1$	$0<D\leqslant2$	
	油菜	开花至结荚期		$-2<t\leqslant0$	$1<D\leqslant3$	植株受冻，小花冻死、冻伤
	蚕豆	开花至结荚期		$-1<t\leqslant1$	$0<D\leqslant2$	植株受冻，花荚冻死
四级	小麦	拔节至抽穗期	$T>15$	$-4<t\leqslant-2$	$1<D\leqslant3$	主茎和大分蘖幼穗冻死率90%以上，产量减产70%
	大麦			$-3<t\leqslant-1$	$0<D\leqslant2$	
	油菜	开花至结荚期		$-4<t\leqslant-2$	$1<D\leqslant3$	植株全部冻死
	蚕豆	开花至结荚期		$t<-1$	$0<D\leqslant2$	植株全部冻死

注：晚春霜冻等级指标主要应用时段是3月中旬至4月中旬。T：最大降温幅度；t：最低气温；D：持续天数。

(5)秋季霜冻等级指标

秋季霜冻等级指标见表 3.7。

表 3.7　秋季霜冻等级指标

级别	代表作物		致灾气象因子			霜冻特征表述
	品种	生育期	最大降温幅度(℃)	最低气温(℃)	持续天数(d)	
一级	小麦	苗期	$5<T\leq 8$	$0<t\leq 2$	$1<D\leq 3$	叶尖受冻
	大麦			$1<t\leq 3$	$1<D\leq 2$	
	油菜			$0<t\leq 2$	$1<D\leq 3$	叶片受冻
	蚕豆			$2<t\leq 4$	$1<D\leq 2$	
二级	小麦	苗期	$8<T\leq 10$	$-2<t\leq 0$	$1<D\leq 3$	叶片受冻 50%
	大麦			$-1<t\leq 1$	$1<D\leq 2$	
	油菜			$-2<t\leq 0$	$1<D\leq 3$	主茎、茎杆冻伤
	蚕豆			$0<t\leq 2$	$1<D\leq 2$	
三级	小麦	苗期	$10<T\leq 12$	$-5<t\leq -2$	$1<D\leq 3$	叶片受冻 80%
	大麦			$-3<t\leq -1$	$1<D\leq 2$	
	油菜			$-5<t\leq -2$	$1<D\leq 3$	部分主茎冻死、茎杆焦枯
	蚕豆			$-2<t\leq 0$	$1<D\leq 2$	
四级	小麦	苗期	$T>12$	$t<-5$	$1<D\leq 3$	整个植株全部冻死
	大麦			$t<-3$	$1<D\leq 2$	
	油菜			$t<-5$	$1<D\leq 3$	茎杆焦枯
	蚕豆			$t<-2$	$1<D\leq 2$	

注:秋季霜冻等级指标主要应用时段是 10 月中旬至 11 月下旬。T:最大降温幅度;t:最低气温;D:持续天数。

3.4　高温热害

1. 定义

在作物生长的相应时期,气温超过作物适宜生育温度上限,经过一段时间,作物生长发育受阻、结实率降低、产量下降甚至绝收、品质变差的高温灾害。

2. 高温热害指标

以水稻为例,在实际生产中,水稻高温热害存在 3 类判别指标。第 1 类高温热害判别指标是日平均气温或日最高气温指标。第 2 类是高温热害积温指标,即某次高温热害过程的高温热害积温是逐日高温热害积温的累加。第 3 类高温热害指标是日最高气温与持续时间的综合指标。

(1)水稻高温热害发生的温度指标

根据《水稻高温热害鉴定与分级:NY/T 2915—2016》(农业部种植业管理司,

2016)，当以下条件满足时，水稻即发生高温热害。

· 早稻

抽穗开花期：连续 3 d 日最高气温≥35 ℃或日平均气温≥30 ℃时，并且每天高温持续时间≥5 h，造成花粉发育不良和开花授粉受精不良。

灌浆结实期：连续 3 d 日最高气温≥35 ℃或日平均气温≥30 ℃时，并且每天高温持续时间≥5 h，造成灌浆结实期缩短，成熟期提前，千粒重下降，秕谷率增加，产量降低和品质变差。

· 中稻(含单季稻)

孕穗期至抽穗开花期：连续 3 d 日最高气温≥38 ℃或日平均气温≥33 ℃时，并且每天高温持续时间≥5 h，造成花粉发育不良、开花授粉受精不良和空秕率增加。

灌浆结实期：连续 3 天日最高气温≥38 ℃或日平均气温≥33 ℃时，并且每天高温持续时间≥5 h，造成灌浆结实期缩短，成熟期提前，千粒重下降，秕谷率增加，产量降低和品质变差。

(2)水稻高温热害强度指标

根据《水稻热害气象等级：GB/T 37744—2019》(全国农业气象标准化技术委员会，2019)，判定高温热害强度。

· 单点热害强度计算方法

水稻孕穗至开花期、灌浆期的单点高温热害强度，采用危害热积温作物指标来划分，计算方法见式(3.1)和式(3.2)。

$$\mathrm{Ha}=\sum_{j=1}^{m}\sum_{i=1}^{n_j}f(T_h^{ij}) \tag{3.1}$$

$$f(T_h^{ij})=\begin{cases}T_h^{ij}-35 & (35\leqslant T_h^{ij}<40)\\ 3\times(T_h^{ij}-40)+5 & (T_h^{ij}\geqslant 40)\end{cases} \tag{3.2}$$

式中，Ha 为危害热积温，单位为℃ · d；m 为评价时段内水稻热害过程的总次数；j 为多次水稻热害过程的序号，$j=1,2,3,\cdots,m$；n_j 为第 j 个水稻热害过程中总高温日数($n_j\geqslant 3$)，单位为 d；i 为第 j 个水稻热害过程中每天的序号，$i=1,2,3,\cdots,n_j$；$f(T_h^{ij})$ 为单日积热，单位为℃；T_h^{ij} 为第 j 个水稻热害过程中第 i 天的日最高气温，单位为℃。

· 单点热害强度等级划分

单点热害强度等级划分见表 3.8。

表 3.8　单点热害强度等级划分

单点热害强度等级	危害热积温(Ha)(℃ · d)	
	一季稻	双季早稻
轻度	0<Ha≤15.0	0<Ha≤13.0
中度	15.0<Ha≤30.0	13.0<Ha≤26.0
重度	Ha>30.0	Ha>26.0

·区域热害强度计算方法

当评价区域内气象台站数较多(宜在10个以上)时,采用该区域内不同热害强度等级气象台站数加权之和占该区域总气象台站数的比例作为评价指标,计算方法见式(3.3)。气象台站热害强度等级划分方法见表3.8。

当评价区域内气象台站数量较少时,应采用该区域调查统计获取的水稻不同热害强度等级发生面积加权之和与当年水稻总种植面积之比作为评价指标,计算方法见式(3.3)。

$$R = \sum_{j=1}^{m} \sum_{i=1}^{m_j} \left(a_i \times \frac{A_{ij}}{A} \right) \tag{3.3}$$

式中,R为区域热害强度指数;m为评价时段内评价区域水稻热害过程的总次数;j为多次水稻热害过程的序号,$j=1,2,3,\cdots,m$;m_j为评价区域第j次水稻热害过程的热害强度总等级数($m_j \leqslant 3$);i为评价区域第j次水稻热害过程的热害强度等级的序号;a_i为水稻热害的危害系数,其中,a_1、a_2、a_3分别代表轻度、中度、重度等级的危害系数,$a_1=0.3$,$a_2=0.5$,$a_3=1.0$;A_{ij}为评价区域内第j次水稻热害过程中热害强度达到第i($i=1,2,3$,分别对应轻度、中度和重度)等级(等级划分见表3.8)的气象台站数,或者是通过抽样调查获取的该区域内轻度、中度和重度热害的面积,单位为hm^2;A为评价区域内总气象台站数,或当年水稻总种植面积,单位为hm^2。

·区域热害强度等级划分

区域热害强度等级划分见表3.9。

表3.9　区域热害强度等级划分

区域热害强度等级	区域热害强度指数(R)
轻度	$0.1<R\leqslant 0.3$
中度	$0.3<R\leqslant 0.5$
重度	$R>0.5$

(3)致灾因子强度等级

选取评价时段内一个或多个水稻热害过程中的最高气温和高温持续时间作为水稻热害致灾因子强度的指标。

·致灾因子强度计算方法

水稻热害过程最高气温和高温持续时间的计算方法见式(3.4)和式(3.5)。

$$T_M = \max_{j=1,\cdots,m} \max_{i=1,\cdots,n_j} T_{ij} \tag{3.4}$$

式中,T_M为水稻热害过程最高气温,单位为℃;j为多次水稻热害过程的序号,$j=1,2,3,\cdots,m$;m为评价时段内水稻热害过程的总次数;i为第i个水稻热害过程中每天的序号,$i=1,2,3,\cdots,n$;n_j为第j次水稻热害过程中总高温日数($n_j \geqslant 3$),单位为d;T_{ij}为第j次水稻热害过程中第i日最高气温,单位为℃。

$$D = \sum_{j=1}^{m} n_j \tag{3.5}$$

式中，D 为高温持续时间，单位为 d；m 为评价时段内水稻热害过程的总次数；j 为多次水稻热害过程的序号，$j=1,2,3,\cdots,m$；n_j 为第 j 次水稻热害过程中总高温日数($n_j \geqslant 3$)，单位为 d。

· 等级划分

最高气温等级划分见表 3.10。

表 3.10　最高气温等级划分

高气温等级	最高气温(T_M)(℃)
较强	$35.0 \leqslant T_M < 38.0$
强	$38.0 \leqslant T_M < 40.0$
超强	$T_M \geqslant 40.0$

高温持续时间等级划分见表 3.11。

表 3.11　高温持续时间等级划分

高温持续时间等级	高温持续时间(D)(d)	
	单过程	多过程
短	$3 \leqslant D < 5$	$6 \leqslant D < 12$
较长	$5 \leqslant D < 10$	$12 \leqslant D < 24$
长	$D \geqslant 10$	$D \geqslant 24$

3.5　渍涝害

1. 定义

是指长时间阴雨寡照、雨量集中，导致作物耕作层土壤湿度过大，根系缺氧乏力，危及植株正常生长、发育，易发病虫草害，最终导致作物大幅度减产的一种农业气象灾害。主要分为春季渍涝害和秋季渍涝害。

2. 监测方法

$$Q=\frac{R-\bar{R}}{\bar{R}}-\frac{S-\bar{S}}{\bar{S}} \tag{3.6}$$

式中，Q 为湿渍害指数；R 为旬降水量，单位为 mm；S 为旬日照时数，单位为 h；$\bar{R}$ 为旬降水量常年值，单位为 mm；$\bar{S}$ 为旬日照时数常年值，单位为 h。若连续 3 旬 $Q \geqslant 0$，为轻度渍害；若 4 旬以上 $Q \geqslant 0$，或其中有 1 旬为负(0～－0.5)，为中度以上渍涝。针对冬小麦湿渍害的灾损评估方法可参见地方标准《冬小麦湿渍害分级：DB 32/T 3557—2019》(江苏省气象局，2019b)。

(1)春季渍涝害

主要影响小麦和油菜，每年 3—5 月是江苏省阴雨多发季节，尤其淮河以南地区更为明显，该时段也是小麦对湿渍害敏感的时期，长时间的阴雨天气，使作物耕作层土壤湿度过大，根系缺氧乏力，使得小麦灌浆期缩短、灌浆速度降低、千粒重下降等。

春季渍涝害典型年分析见表 3.12。

表 3.12　春季渍涝害典型年分析

发生区域	出现时间	指标	主要影响
全省	2 月上旬至 4 月中旬	连续 5 旬 $Q\geqslant 0$	1991 年麦油田涝、渍害严重，受灾面积 1500 万亩以上，肥料流失严重，一些麦苗脱肥落黄，草害普遍较严重，并诱发多种麦油病虫害，尤其以淮北东部为最严重
淮河以南	2 月中旬至 4 月上旬	连续 4 旬 $Q\geqslant 0$	1998 年春季前期降雨集中，尤其是 3 月中旬严重冻害后紧接着出现的 20 多天连续降水，雨量集中，雨日多，降雨量普遍比常年同期偏多 1 倍以上，田间普遍积水，“尺麦怕寸水”，雨涝灾害再次导致根系受渍、缺氧乏力，对冻害恢复、生长所需养分的吸收极为不利；同时光照严重不足，3 月 19 日至 4 月上旬沿江苏南大部地区，日照不足 20 h，严重影响光合作用
沿江苏南地区	4 月中旬至 5 月中旬	连续 3 旬 $Q\geqslant 0$	2002 年持续低温阴雨寡照天气对三麦、油菜等夏熟作物非常不利，同时也影响了棉花、玉米等春播作物幼苗的生长，是当年对农作物生长影响程度最大的灾害性天气。该时段正是夏熟作物生长关键期，持续低温阴雨影响三麦抽穗开花、灌浆成熟，油菜的籽粒充实，降低了夏熟作物的产量与品质，最终造成夏粮大幅减产，单产比上年减少 8.2%

(2)秋季渍涝害

发生在 9—11 月，主要影响水稻成熟、收获和小麦播种出苗。

秋季渍涝害典型年分析见表 3.13。

表 3.13　秋季渍涝害典型年分析

发生区域	出现时间	指标	主要影响
全省	9 月中旬至 10 月上旬	连续 3 旬 $Q\geqslant 0$	2005 年 9 月下旬至 10 月上旬中期全省一直多阴雨，日照明显不足，两旬的日照时数只有常年同期的一半左右，江淮大部分地区为有历史记录以来的最小值。多雨、寡照，严重影响水稻籽粒充实，水稻千粒重降低。由于连阴雨和上游泄洪，邳州农作物受灾面积 29341 hm^2，绝收面积 13846 hm^2，沛县农作物受灾面积 73370 hm^2，绝收面积 6003 hm^2

续表

发生区域	出现时间	指标	主要影响
淮河以南	10月至11月上旬	淮河以南连续4旬 $Q \geq 0$；淮北地区连续3旬≥0	2016年10月阴雨绵绵，全省各站累计雨日数为12(沛县)～24 d(金湖)，有54个站的累计雨日数达到了1961年以来历史同期最多，此次连阴雨最长持续了25 d(六合，10月7—31日)。长时间阴雨造成农田普遍出现渍涝，对秋熟作物的成熟、收获和晾晒不利。连阴雨共造成20.5万人受灾，农作物受灾面积3.06万 hm^2，成灾面积2.34万 hm^2，绝收面积0.2万 hm^2，灾害造成直接经济损失8355.8万元，其中农业经济损失8290.98万元

3.6 农业干旱

1. 定义

因长时间降水偏少、空气干燥、土壤缺水，造成农作物体内水分发生亏缺，影响正常生长发育甚至减产(徐敏 等，2021a)。

2. 等级指标

根据《农业干旱等级：GB/T 32136—2015》(全国农业气象标准化技术委员会，2015)，分别基于作物水分亏缺距平指数(CWDIa)、土壤相对湿度指数(Rsm)、农田与作物干旱形态指标判定农业干旱等级，具体见表3.14—表3.16。

表3.14 基于作物水分亏缺距平指数(CWDIa)的农业干旱等级

等级	类型	作物水分亏缺距平指数(%)	
		作物水分临界期	其余发育期
1	轻旱	35＜CWDIa≤50	40＜CWDIa≤55
2	中旱	50＜CWDIa≤65	55＜CWDIa≤70
3	重旱	65＜CWDIa≤80	70＜CWDIa≤85
4	特旱	CWDIa＞80	CWDIa＞85

表3.15 基于土壤相对湿度指数(Rsm)的农业干旱等级

等级	类型	土壤相对湿度指数(%)		
		沙土	壤土	黏土
1	轻旱	45≤Rsm＜55	50≤Rsm＜60	55≤Rsm＜65
2	中旱	35≤Rsm＜45	40≤Rsm＜50	45≤Rsm＜55
3	重旱	25≤Rsm＜35	30≤Rsm＜40	35≤Rsm＜45
4	特旱	Rsm＜25	Rsm＜30	Rsm＜35

表 3.16 基于农田与作物干旱形态指标的农业干旱等级

等级	类型	农田与作物干旱形态				
		播种期		旱地作物出苗期	水稻移栽期	生长发育阶段
		白地	水田			
1	轻旱	出现干土层，且干土层厚度小于3 cm	因旱不能适时整地，水稻本田期不能及时按需供水	因旱出苗率为60%～80%	栽插用水不足，秧苗成活率为80%～90%	因旱叶片上部卷起
2	中旱	干土层厚度3～6 cm	因旱水稻田断水，开始出现干裂	因旱播种困难，出苗率为40%～60%	因旱不能插秧；秧苗成活率为60%～80%	因旱叶片白天凋萎
3	重旱	干土层厚度7～12 cm	因旱水稻田干裂	因旱无法播种或出苗率为30%～40%	因旱不能插秧；秧苗成活率为50%～60%	因旱有死苗、叶片枯萎、果实脱落现象
4	特旱	干土层厚度大于12 cm	因旱水稻田开裂严重	因旱无法播种或出苗率低于30%	因旱不能插秧；秧苗成活率小于50%	因旱植株干枯死亡

3.7 干热风

1. 定义

淮北冬小麦开花灌浆期，出现的一种高温低湿并伴有一定风力的灾害性、高影响性天气，影响小麦灌浆成熟，降低千粒重，导致小麦减产。

2. 等级指标

表 3.17 干热风等级指标

天气背景	出现时间	等级指标	
气温突升，空气湿度骤降，并伴有较大风速	5月中旬至6月上旬	轻度	日最高气温≥30 ℃ 14时相对湿度≤30% 14时风速≥3 m·s^{-1}
气温突升，空气湿度骤降，并伴有较大风速	5月中旬至6月上旬	中度	日最高气温≥32 ℃ 14时相对湿度≤30% 14时风速≥3 m·s^{-1}
		重度	日最高气温≥35 ℃ 14时相对湿度≤25% 14时风速≥3 m·s^{-1}

3.8　作物病害

农作物病害是指发育不良、枯萎或死亡，一般由细菌、真菌、病毒或不适宜的气候与土壤等因素造成，属于自然灾害。气象型病害的发生流行与温度、湿度、风等气象要素关系密切，其中湿度通常是导致作物病害发生发展和蔓延最重要的气象因子(刁春友 等,2006)。主要病害见表 3.18。

表 3.18　大宗农作物主要病害

主要种类	发生区域及危害对象	与气象条件的相关性	典型年份
赤霉病	全省，小麦	适温高湿型病害	2010、2012、2015、2016、2018、2021
菌核病	全省，油菜	油菜花期遇到多雨高湿天气，病害易流行	2016、2018
稻曲病	全省，水稻	水稻孕穗破口期多阴雨天气有利于病害流行	2018、2019、2020
稻瘟病	全省，水稻	夏季低温多雨，尤其是水稻破口抽穗期遇到降温降雨天气有利于病害流行	2018、2020
南方锈病	全省，玉米	夏季随台风将菌源传到江苏东部沿海、淮北夏玉米产区，造成病害流行	2019、2021

1. 冬小麦赤霉病

(1)定义

由多种镰刀菌侵染所引起，发生在冬小麦上，病部可见粉红色霉层的病害，又称烂穗病，从苗期到穗期均可发生，其中抽穗扬花期最易被侵染。

(2)赤霉病菌的侵染规律与危害症状

赤霉病菌广泛存在于土壤中，既能侵害活的麦穗，也能利用土壤中植物的残体生长繁殖，如稻桩、棉花铃、玉米秆，甚至枯草等，作为它冬、夏季的主要生活基质，其中，在稻麦连作区以稻桩上潜藏的病菌数量较多。等第二年春季温度上升，土壤湿度适宜，露出田面的稻桩则会陆续出现紫黑色小颗粒的子囊壳，当子囊孢子成熟后，随风飘落到麦穗上为害，即赤霉病菌初次侵染的来源。赤霉病菌最先侵染的部位主要是花药，其次为颖片内侧壁。空气中飞散的子囊孢子，落到正在扬花灌浆的麦穗上后，只要遇到一定的水分和适宜的温度，就可发芽钻进麦穗组织，吸取养料、不断繁殖。一般经过 2～5 d 的潜育期，就能表现出病症，并在病穗上长出菌丝和大量的分生孢子。这些分生孢子，如遇雨滴飞溅黏附健穗，可引起再次侵染。分生孢子和子囊孢子具有相同的侵染力。引起赤霉病流行的侵染以开花期一次侵染为主，分生孢子的再侵染只起加重作用。

(3)等级指标

·气象指标

在冬小麦抽穗扬花期内,气象条件同时达到日平均气温大于或等于16.1 ℃、日平均相对湿度大于或等于57.1%时为冬小麦赤霉病发生的最适宜指标(徐云 等,2016)。

·湿热指数的计算方法

基于最适宜气象指标构建湿热指数定量反映温湿条件对赤霉病发生程度的综合影响,湿热指数数值越大,表明气象条件越适宜赤霉病的发生(徐敏 等,2019)。

$$W=\left(\frac{1}{n}\sum_{i=1}^{n}\frac{T_i-16.1}{T_0}+\frac{1}{n}\sum_{i=1}^{n}\frac{U_i-57.1}{U_0}\right)\times 100 \quad (3.7)$$

式中,W 为湿热指数,无量纲;n 为计算时段内的日数,单位为 d,通常取5 d;T_i为计算时段内第 i 天的日平均气温,单位为℃;T_0为计算时段内该地区所处月份的气温气候平均值,单位为℃;U_i为计算时段内第 i 天的日平均相对湿度,以%表示;U_0为计算时段内该地区所处月份的相对湿度气候平均值,以%表示。

注:当计算时段 n 跨月时,T_0取相邻两月气温气候平均值的算术平均值,U_0取相邻两月相对湿度气候平均值的算术平均值。

按表 3.19 的规定划分冬小麦赤霉病湿热指数等级及描述对应的气象条件适宜等级和病穗率可能增加量(徐敏 等,2020a,2020b,2021b)。

表 3.19 冬小麦赤霉病湿热指数分级表

湿热指数(W)	气象条件适宜等级	15 天后病穗率增加量参考值(X)
$W<9.6$	不适宜	$X<10\%$
$9.6\leqslant W<18.9$	次适宜	$10\%\leqslant X<20\%$
$18.9\leqslant W<28.3$	适宜	$20\%\leqslant X<30\%$
$W\geqslant 28.3$	最适宜	$X\geqslant 30\%$

注:"15 d 后"表示以湿热指数计算时段为基准,后推 15 d。

2. 油菜菌核病

(1)定义

油菜菌核病又称之为菌核杆腐病,由核盘菌引起的,发生在油菜等作物的一种病害。该病主要为害油菜的茎、叶、花、角果、种子。

(2)气象指标

降雨量、雨日数、相对湿度、气温、日照和风速等气象因子与菌核病的发生均有关系,其中影响最大的是降雨和湿度。在发病较重年份,油菜开花期和角果发育期的降雨量均大于常年雨量,特别是油菜成熟前 20 d 内大量降雨,是病害大流行的主要原因。油菜开花期平均旬降雨量在 50 mm 以上时发病重,30 mm 以下时发病较轻,10 mm 以下时病害极少发生。在病害发生期内,大气相对湿度超过 80%时病害发展较快,超过

85%时危害严重，在75%以下时发生较轻，低于60%则很少发病（叶婵，2022）。

3. 水稻稻曲病

(1)定义

稻曲病又称伪黑穗病、绿黑穗病、谷花病、青粉病。该病只发生于穗部，为害部分谷粒。受害谷粒内形成菌丝块渐膨大，内外颖裂开，露出淡黄色块状物，即孢子座，后包于内外颖两侧，呈黑绿色，初外包一层薄膜，后破裂，散生墨绿色粉末，即病菌的厚垣孢子，有的两侧生黑色扁平菌核，风吹雨打易脱落。

(2)发病规律

稻曲病主要以菌核形式在土壤越冬，次年7—8月萌发形成孢子座，孢子座上产生多个子囊壳，其内产生大量子囊孢子和分生孢子；厚垣孢子也可以附在种子上越冬，条件适宜时萌发形成分生孢子。孢子借助气流传播散落，在水稻破口期侵害花器和幼器，造成谷粒发病。据江苏省农业科学院植物保护所研究，病菌侵染始于花粉母细胞减数分裂期之后和花粉母细胞充实期，而花粉母细胞充实期前后这段时间是侵染的重要时期（邢艳 等，2021）。

(3)稻曲病与气象条件的关系

水稻幼穗形成期至成熟期，气象条件在稻曲病侵染循环过程中起着促发性作用，病菌生长适宜温度26～28 ℃；降水量和相对湿度主要影响病菌的侵入和扩散，相对湿度越高（70%～80%），稻曲病菌子囊孢子和分生孢子侵入量越多，雨量多则有利于病菌后期扩散，加重发病。稻曲病发生强度、范围和持续时间与气象要素存在着较为显著的关系（徐敏 等，2017）。

3.9　作物虫害

主要指以农作物为食、直接造成农作物产量的损失并间接传播植物病害的昆虫类害虫，其所导致的危害统称为作物虫害。大宗农作物主要虫害见表3.20。

表3.20　大宗农作物主要虫害

主要种类	发生区域及危害对象	与气象条件的相关性	典型年份
稻飞虱 稻纵卷叶螟	全省，水稻	迁飞性害虫，俗称水稻“两迁害虫”。空气湿度高，有利于其迁飞；雨日多、雨量大，有利于其迁入；成虫。若虫喜阴湿环境，田间阴湿，有利于其繁殖	2010、2008、2007
玉米草地贪夜蛾	全省、玉米	为迁飞性害虫，夏季随着西南季风迁入江淮和黄淮玉米产区，秋季由黄淮海地区回迁至南方地区	2019、2020
斜纹夜蛾	全省，蔬菜等多种作物	为迁飞性害虫，夏季高温少雨有利于发生	2018、2019
黏虫	东部沿江、沿海地区，小麦、玉米	迁飞性害虫，每年3—4月迁入江苏省，5月下旬至6月上中旬向北迁入黄淮海地区，秋季再回迁到南方地区	

3.10　烂场雨

1. 定义

小麦成熟收获期出现多寡照天气，难以下地收割，从而导致小麦发芽、霉变。

2. 气象指标

表 3.21　烂场雨气象指标

区域	出现时间	指标	典型年份
全省	5 月下旬至 6 月上旬	连续阴雨日≥5 d，过程雨量≥50 mm	1998、1996、1994、1991

3.11　主要抗灾救灾措施

3.11.1　低温灾害

1. 露地蔬菜抗低温措施

(1)喷施叶面肥，提高抗寒能力。可通过叶面喷施全营养叶面肥和植物源生长调节剂等措施，补充植株急需的微量元素等，提高蔬菜植株抗寒能力，减少蔬菜冷害、冻害现象的出现。

(2)覆盖防冻，及时采收。针对易发生冻害的蔬菜(如菜薹、花椰菜、莴笋等)进行覆盖防冻，可用无纺布、旧塑料薄膜等覆盖，防止冻害发生。塑料薄膜覆盖，宜采取小拱棚覆盖方式；无纺布等覆盖，宜采用浮面覆盖方式。雨雪天气前后，对于能够采收上市的蔬菜，建议抢收上市，减少损失。

(3)科学施肥，防控病虫。抓住晴好天气进行叶面追肥，快速补充养分，提高植株抗性，可叶面喷施磷酸二氢钾和镁、锌、硼等微量元素肥料，提高植株抗逆性，促进花芽分化，提高产量品质。十字花科蔬菜要重点预防软腐病、霜霉病和灰霉病，以及蚜虫为害。

2. 油菜抗低温措施

(1)排除渍水。要注重及时疏通三沟，排干田间积水。减轻冻害与渍害对农作物造成的双重影响，以及低温下渍水成冰，日消夜冻加重冻害。

(2)采薹上市。薹用油菜赶在低温到来前加紧采薹上市，以免冻害降低菜薹的商品性。生产上部分早薹田块也可在低温来临前采薹上市，利用春节前菜价偏高的时机，提高油菜种植效益，并减轻低温对油菜生产的影响。

(3)摘除冻薹。融雪后，选晴天中午，摘除因冰雪导致断裂以及严重受冻的薹茎及叶片，以防病害的发生。摘除冻薹后，亩施尿素 5～7 kg，以恢复生长。

(4)加强病害防控。茎叶冻受伤后，后期易感染病害，因此，应加强菌核病防治，推荐实施“一促四防”技术。亩用40%菌核净可湿性粉剂或咪鲜胺(有效浓度0.5 g·L^{-1}咪鲜胺或咪鲜胺锰盐溶液)+磷酸二氢钾(亩用量100 g)+速效硼(有效硼含量>20%，亩用量50 g)。在田间开始开花至全田25%植株开花期间，选晴天叶面无露水时喷施。

3.11.2　高温热害

1. 水稻抗高温措施

(1)以水调温，防御高温热害。持续高温，田间水分蒸腾量大、失水快，应及时灌溉，保持合适的水层，以8～10 cm为宜，弥补水分损失，有条件的可以日灌夜排，改善稻田局部气候条件，降低冠层温度；对于叶龄余数少于1叶的水稻，尤其要注意通过换水降低土壤温度。若高温持续的同时，降水明显偏少，需提前防范热害和干旱影响叠加，建议加大调水力度，科学灌溉，合理利用水资源。

(2)叶面喷肥，缓解高温影响。叶色深有利于降低水稻体温，从而降低高温危害。对于还未施用促花肥的田块，尽快施用速效氮肥作为促花肥，促使叶色尽快转深；对于已经施用促花肥的田块，在叶龄余数2～3叶期的粳稻，可以根据叶色适当增施尿素5 kg·亩$^{-1}$。对于叶龄余数少于1叶的水稻，暂时不能施肥，要注意做好水分管理。对于叶龄余数1～2叶的杂交籼稻亦可补施尿素2.5～3.0 kg·亩$^{-1}$。

(3)选用耐高温品种。水稻品种间的耐高温能力存在差异，选用耐高温品种是减轻高温热害的有效途径。水稻各品种自身的遗传特性决定其对温度的耐受范围不同，因此高温热害对各品种的危害程度是有差异的。一般情况下，粳稻或含有粳稻基因的亲本组合高温热害危害重；杂交稻高温热害较常规稻危害重；不含有耐热基因的品种较含有耐热基因的品种危害重。根据品种的耐高温能力、适应性和丰产性，结合各地出现极端高温的状况，开展耐高温水稻品种的筛选和合理布局，从而减轻高温对水稻产量品质的影响。

(4)科学施肥，增强稻株抗高温能力。科学的肥料运筹，可提高水稻的抗高温能力。水稻施肥可分为基肥、分蘖肥、穗肥、粒肥(视水稻生长势而取舍)4个时期。磷肥和钾肥可以促进水稻植株糖分的合成与运输，提高水稻的抗逆能力，故在水稻晒田后追肥和穗肥中酌情增加磷钾肥的施用量，可提高水稻抗高温热害能力。研究表明，以施用$N:P_2O_5:K_2O$为1∶1.5∶2的结实率最高，高温热害年份施用$N:P_2O_5:K_2O$比例为1∶(1.13～2.27)∶(1～3)能明显提高水稻抗高温热能力。

(5)加强受灾田块的后期管理。对普遍受灾但未绝收的田块要切实加强后期的田间管理。通过有效的田间管理可显著地减少秕粒，增加粒重而获得较好的收成。一是坚持浅水湿润灌溉。防止夹秋旱使灾害进一步加剧，因为高温热害常与干旱交织在一起。后期切忌断水过早，以收获前7～10 d断水为宜，不仅能提高产量，也可保证米质。二是加强病虫害的防治。特别是稻纵卷叶螟、稻飞虱和白叶枯病、稻曲病、纹枯病的药剂防治。三是对孕穗期受热害的轻灾田块，还应在破口期前后补追一次粒肥。可亩施尿素 2～3 kg，也可根外喷施磷钾肥和植物生长调节剂，以提高结实率和粒重。四是适期收割，精打细收。

(6)绝收田块营养再生稻。对通过田间调整，结实率在 10%以下绝收田块，也不要轻易废弃，可通过加强田间水肥管理和病虫害防治，促进再生芽萌发，继而抽穗灌浆结实，也能获得一定的收成。营养再生稻采取保留和割去空壳穗头的办法都可以用于江淮南部和沿江、江南地区，有劳力条件的农民且愿意的，可采取割法穗头的办法，将更有利于促进再生芽快发。采用营养再生粉的绝收田块，必须是早熟品种，江淮南部及沿江江南地区割穗头后蓄养的，将时限控制在 8 月 20 日前进行。在再生稻的田间管理上除了浅水—湿润灌溉和稻虫防治外，在再生稻抽穗后采用根外施 0.2%的磷酸二氢钾或 3%的过磷酸钙液。对于 9 月 10—15 日后仍未齐穗的再生稻也可采取喷施 20 $mg \cdot kg^{-1}$浓度的 920 促早齐穗，灌溉水稻根防低温。对轻灾的田块追施粒肥。

2. 夏玉米抗高温措施

(1)洒水降温。有条件的地区，可以用水管给植株的叶片部位洒水，洒水是消除热损伤的最好方法。喷洒作业应在 09 时前和 16 时后进行，以避免中午高温对玉米的损害。

(2)人工辅助授粉。持续高温会大大降低花粉的活性，可以采取人工辅助授粉的方式帮助玉米授粉，方法是在 08—10 时这一时间段采用竹竿或拉绳的方式帮助玉米花粉的传播，加速受精的过程，也可采用无人机超低空飞行引起的气流来加速花粉的传播，这样可在一定程度上提高玉米结实率。

(3)叶面喷施防早衰。叶面喷施 50 $mg \cdot L^{-1}$的甜菜碱或芸苔素内酯或 10 $mmol \cdot L^{-1}$氯化钙溶液或磷酸二氢钾 800～1000 倍液或尿素 600～800 倍液等外源调节物质，可直接补充水分、增加植株营养，又可防止高温干旱对功能叶的伤害，延缓衰老，稳定结实率、保产。

3. 夏大豆抗高温措施

(1)及时灌水，以水调温。气温高，土壤失墒快，叶面水分蒸腾加剧，必须注意及时灌溉补墒，以增强大豆抗高温能力，防止高温热害。喷灌时间应选择在每天 16 时以后到次日 09 时以前，避开中午高温时段，灌水指标以席面 70%的土壤湿润为宜。

(2)合理追肥，增强大豆植株抗性。花荚期是大豆需水需肥的临界期，要结合追施花荚肥(尿素 6～8 $kg \cdot 亩^{-1}$)，浇水补墒。同时喷施叶面肥，如 0.2%磷酸二氢钾和芸苔素等，可增强大豆对逆境的抵抗力。

(3)灌水补墒，预防干旱死苗。持续高温缺墒会容易死苗，应及时以水调温、灌溉补墒，实施叶面喷肥，防止早衰和死苗，增强抗高温能力。若部分地区旱作物有旱象露头或旱情在不断发展，更需加强灌溉，防止高温和干旱叠加，对旱作物造成更严重的不利影响。

3.11.3 湿渍害

1. 小麦湿渍害防范措施

(1)及时清理深沟大渠。开挖完善田间一套沟，排明水降暗渍，千方百计减少耕作层滞水是防止小麦湿害的主攻目标。对长期失修的深沟大渠要进行淤泥的疏通，抬田降低地下水位，防止冬春雨水频繁或暴雨过多，利于排渍，做到田水进沟畅通无阻。与此同时搞好“三沟”配套，旱地麦或水田麦都必须开好厢沟、围沟、腰沟，做到沟沟相连，条条贯通，雨停田干，明不受渍，暗不受害，提倡水浇麦大面积连片种植。

(2)增施肥料。对湿害较重的麦田，做到早施巧施接力肥，重施拔节孕穗肥，以肥促苗升级。冬季多增施热性有机肥，如渣草肥、猪粪、牛粪、草木灰、沟杂马、人粪尿等。化肥多施磷钾肥，有利于根系发育、壮秆，减少受害。

(3)搂锄松土散湿提温。增强土壤通透性，促进根系发育，增加分蘖，培育壮苗。搂锄能促进麦苗生长，加快苗情转化，使小麦增穗、增粒而增产。

(4)护叶防病。锈病、赤霉病、白粉病发生后及时喷药防治，此外可喷施“802”助壮素、植物抗逆增产剂、迦姆丰收液肥、惠满丰、促丰宝、万家宝等。也可喷洒“植物动力2003”10 mL对清水10 L，隔7～10 d 1次，连续喷2次。提倡施用较多稀土纯营养剂，每50 g兑清水20～30 L喷施，效果好。

2. 油菜湿渍害防范措施

(1)设置科学合理的油菜沟渠网络，保障其通水畅通。将沟渠两厢之间的距离控制在35 cm左右，防止积水问题的出现。

(2)有效改善油菜种植田间的土壤结构，营造良好的有氧环境，最大限度地确保油菜根系发达，进一步提高油菜作物的耐渍性。

(3)定期对油菜田间开展清沟排渍、清沟沥水，保证雨过之后的油菜田能够保持干燥，在此基础上需要及时进行耕松土，保持土壤的透气性，避免出现缺氧的情况。

(4)倒伏情况治理。冬油菜在种植过程中发生渍害现象，很容易引发倒伏问题，需要在春季气温回升后，采取培土壅根处理措施。即时开展中耕松土作业，并且可适当进行15%多效唑溶剂叶面喷施。在油菜发育到中后期时，为尽量避免出现油菜倒伏，可对油菜适量喷施一次生长调节剂，从而增强抗倒伏力。

(5)补施速效肥增强抵抗力。油菜田间发生渍害，极有可能会出现土壤养分出现较大的流失，所以相关管理人员为提高油菜产量和质量，应当补施适量的速效肥，以增强油菜生长发育抵抗力。在实际种植过程中，可施加3～6 kg·亩$^{-1}$的尿素，并适当施加磷钾肥等，控制施用量在3～4 kg·亩$^{-1}$即可，从而可以强化植株的耐渍能力。为了预防开花前后花而不实,可适量喷洒硼肥溶液。

(6)次生灾害预防。油菜渍害的防治应当注重预防次生灾害,比如当田间处于低温高湿环境时,很容易爆发霜霉病;在高温高湿环境中,可能会诱发菌核病等。所以相关种植管理人员应当定期检查和摘除油菜植株出现的黄老病叶,同时可对油菜喷施2～3次的多菌灵或者是代森锰锌等,有效预防次生病害。对有蚜虫为害的田块,可用吡虫啉乳油等进行防治,也可以适量施加吡虫啉可湿性粉剂,以此防止次生病害的出现。

3.11.4　农业干旱

(1)千方百计加强抗旱浇水保苗。要针对作物受旱的具体情况特点,加强与当地水利等部门的衔接和协调,按照轻重缓急的要求,确定优先抗旱作物及地块,想方设法调度水源,抗旱浇水,最大程度降低旱灾损失,防止出现因旱绝收的情况。对无地面水源供给的地区,各地要在完善已有地下取水配套设施的同时,突击抢打部分机井、轻型井、大口井,添置潜水泵、喷灌机等抗旱设备,充分挖掘地下水源,尽力解决抗旱用水问题。

(2)狠抓抗旱技术措施落实。要切实加强受旱作物田间管理,对能灌上水的田块,要结合抗旱灌水,及时补施恢复肥,促进恢复生长。暂时没有灌水条件的田块,要积极引导农民应用农业节水技术模式以及覆盖、搭棚等降温保墒措施。对局部有受旱趋势的渔业养殖区域,要及时打浅水井补水,并减少鱼饲料投喂。加强畜禽棚舍环境管理,降低舍内温度,及时调整日粮结构,缓解畜禽热应激反应。确有因旱错过适播期的地区,要指导农民调整品种结构,科学选用短生育期品种和作物,确保耕地不撂荒。

(3)加强技术指导服务。组织专家和农技人员深入田间地头,查苗情、查墒情,组织有关专家科学研判旱情并根据当地作物生育进程,制定完善抗旱保苗和田管技术方案,切实加强田间管理。加强与气象、水利等部门沟通联系,及时发布旱情预警信息。突出加强农业受旱情况调度,及时调度掌握农业受旱的重点区域、重点作物、重点田块以及发生程度和抗旱工作进展。

(4)加强农业生产和救灾物资保障。做好种子、肥料、农药等救灾物资的调剂调运和抗旱机械设备的检修维护,协调农业保险参保公司尽快查勘、定损、理赔,减轻农民损失。

3.11.5　干热风

(1)浇好灌浆水。小麦开花后即进入小麦灌浆阶段,此时高温、干旱、强风迫使空气和土壤水分蒸发量增大,浇好灌浆水可以保持适宜的土壤水分,增加空气湿度,起到延缓根系早衰,增强叶片光合作用,达到预防或减轻干热风的危害。注意有风停浇,无风抢浇。灌浆水宜在灌浆初期浇。

(2)巧浇麦黄水。在小麦成熟前10 d左右，根据小麦群体、天气状况、土壤墒情，在干热风来到之前浇一次麦黄水，可以明显改善田间小气候条件，减轻干热风危害。麦黄水在乳熟盛期到蜡熟始期浇。

(3)叶面喷肥。在小麦开花至灌浆初期，用1%～2%尿素溶液、0.2%磷酸二氢钾溶液、2%～4%过磷酸钙浸出液或15%～20%草木灰浸出液作叶面喷肥，每亩每次喷洒20～100 kg，可以加速小麦后期的生长发育，预防或减轻干热风危害。

(4)叶面喷醋。在小麦灌浆初期，用0.1%醋酸或1∶800醋溶液叶面喷施，可以缩小叶片上气孔的开张角度，抑制蒸腾作用，提高小麦植株抗干旱、抗干热风能力。

(5)小麦后期“一喷三防”是预防和减轻热风等危害的有效措施之一，因此，应根据天气变化，喷施2～3次，能有效提高粒重，预防干热风。

(6)营造防护林带。可以改善农田小气候，降低风速，降低气温，增加空气湿度，还可以减少土壤水分消耗，增加小麦光合作用。

3.11.6　病虫害

1. 小麦赤霉病防治建议

(1)强化监测预警。小麦赤霉病的流行与否，关键要看易感病的扬花期与高温高湿阴雨天气重叠的概率。因此，准确把握小麦生育进程及其关键时期天气情况十分重要。各地要强化与栽培、气象等部门联系，强化小麦生育期的调查分析，扩大调查范围、加密调查频次，准确掌握小麦生育进程，明确不同区域、不同田块、不同品种的小麦抽穗扬花期，准确掌握小麦抽穗扬花期的天气趋势，科学开展分类指导。

(2)强化科学防控。要突出“预防为主、主动出击、统筹兼顾、总体防治”的防控策略，坚持“适期防治、见花喷药”的防控要点，做到一般发生地区一次用药全覆盖，重发地区两次用药不动摇；要牢牢掌握小麦扬花初期这一赤霉病防控的关键时期，努力做到“扬花一块、防治一块”；对高感赤霉病品种和生育期极不整齐的田块，花期遇连阴雨天气的重发地区或田块，第一次用药后5 d左右开展二次防治；若小麦扬花期遇阴雨天气，可选择雨隙或抢在雨前施药，药后6 h内遇雨应及时补治。要合理安排药剂品种，加大氰烯菌酯、丙硫菌唑、戊唑醇等新型药剂推广应用力度，加快淘汰抗药性水平高的多菌灵类药剂进度，推进赤霉病防控药剂升级换代；要轮换使用不同作用机理的农药，延缓抗药性，提高防控效果；慎用刺激毒素产生的甲氧基丙烯酸酯类杀菌剂，保障农产品质量安全。

(3)强化统防统治。要大力推广大型自走式喷杆喷雾机、高效植保无人机，推进防控药械的提档升级，全力提高防治效率效果和统防统治覆盖率，确保以赤霉病为主的小麦穗期病虫害专业化统防统治覆盖率稳定在60%，绿色防控示范区、绿色高质高效示范区内统防统治服务实现全覆盖。

2. 油菜菌核病防治建议

(1)加强监测预警。各地要认真做好油菜菌核病系统调查和大田普查工作，及时准确掌握病情发生形势，加强与气象、栽培等部门联系会商，把握油菜生育进程及花期天气情况，科学分析油菜菌核病发生动态，适时发布预警信息，为有效开展防治提供可靠依据。

(2)科学开展防治。要坚持“抓住适期、主动施药”的防治策略，于油菜盛花初期，即主茎开花株率达80%左右时全面用药防治，对病害发生较重的田块，第一次防治结束后隔5～7 d进行第二次防治。要选对药种，可选用腐霉利、异菌脲、啶酰菌胺、菌核净、咪鲜胺等药剂；由于油菜花期植株高大，田间郁蔽，要用足水量，确保全面喷透，药后3 h遇雨需做好补治工作。对蚜虫发生重的田块，要做好统筹安排，实现一喷多防。要注意安全用药，注意放蜂安全，防止产生药害；要注意药剂使用间隔期，轮换用药，防止产生抗药性。使用后的农药包装废弃物要做好回收处置工作。

3. 水稻病虫害防治建议

(1)要紧扣重大病虫，打好防治总体战。紧扣一类、二类病虫，兼顾三类病虫，在做好生态调控和理化诱控措施的基础上，对达标病虫，明确主攻对象和兼治对象，统筹兼顾，科学开展化学防治，打好防治总体战。第一次在7月底至8月上旬，做好稻飞虱、纹枯病的防治，兼顾稻纵卷叶螟；第二次在8月中下旬，结合水稻破口抽穗，主攻穗稻瘟、稻曲病、纹枯病及“两迁”害虫、螟虫；第三次在9月上中旬水稻穗期，防控好穗稻瘟及褐飞虱。白叶枯病、细菌性基腐病等细菌性病害重发区需单独开展针对性用药。水稻生长后期，要重点关注褐飞虱发生情况，因地制宜打好收官战，确保控制危害(钱晖 等，2018；王道泽 等，2017)。

(2)要推进绿色防控，强化统防统治。坚持“前防、中控、后保”的全程绿色防控策略，充分发挥绿色防控措施的作用，切实做到农药减量增效。坚持“突出重点、统筹兼顾、绿色防控，减量控害”的原则，做到合理用药、科学防控，尤其要注意抗性褐飞虱、稻纵卷叶螟和穗期稻瘟病等病虫防治的科学用药(徐敏 等，2017)。

(3)要做好分类指导，抓牢安全管控。针对水稻田间苗情复杂、病虫情发生差异大的特点，要强化分类指导。防治关键时期，及时组织各级专家和农技人员，广泛深入病虫重发区和技术力量薄弱区，挂钩服务、分类指导，因病、因虫、因苗、因天开展病虫防控。

4. 玉米病虫害防治建议

(1)加强病虫监测预警。采取专业调查与群众调查相结合、定点调查与面上普查、田间人工调查与智能化监测相结合的方式，提高监测调查水平，及时掌握害虫发生规律，进一步提升监测预警的水平。

(2)优化防控技术措施。科学制订防控技术方案，优化防控技术措施，切实提高防治效果。对草地贪夜蛾，采取高空诱虫灯、性诱捕器以及食物诱杀等理化诱控措施，诱杀成虫。坚持达标防治，对虫口密度高、集中连片发生区域，迅速扑杀幼虫，未达标田块实施重点挑治和点杀点治；对玉米螟，要把握好卵孵盛期，药剂喷施要突出心叶、雄穗和雌穗等部位；对棉铃虫，要做好抽雄吐丝期与三代成虫产卵相遇的玉米田监测防控工作，药剂喷施要突出玉米雌穗。鲜食玉米和青储玉米要注意农药的安全间隔期，可在害虫卵孵盛期至低龄幼虫期喷洒生物农药，也可在产卵初期释放玉米螟赤眼蜂灭卵；对锈病等玉米病害，须在发病初期进行防治，尤其是台风过后要加强南方锈病监测调查，及时开展防治，重发田块隔 7～10 d 开展第二次防治，严防暴发成灾。

3.11.7　台风

(1)加强排水降渍。抢早引导广大种植户特别是前期受涝、农田有损毁的地区，做好水稻、玉米、蔬菜地的沟系配套与疏通，并调度安排好排涝设备，确保田间积水排得出。

(2)加强生产管理。对玉米等高秆作物出现倒伏的要及时护理，根据肥料流失情况和苗情长势，及时补施速效肥、叶面肥，养根保叶，促进恢复生长。对已成熟特粮特经及蔬菜瓜果等要及时采收。加强农作物病虫情监测，切实做好水稻纹枯病、叶稻瘟、“两迁”害虫等重大病虫害防治。

(3)加强设施维护加固。做好温室大棚、畜禽棚舍等农业设施的检查加固工作，防止受台风袭击造成人员和畜禽伤亡。做好池塘塘埂加固等维护工作，注意观察、适时排水。

(4)要提高防御台风服务水平。加强应急值守，密切关注台风移动路径和天气变化，及时发布灾害预警信息，做到主动防御。做细做实防灾减灾工作预案，台风暴雨过后及时组织会商，科学评估灾害影响，及时制定针对性措施。组织广大农技人员深入农业生产第一线，调查了解灾情，加强技术服务，指导农民落实田管措施，帮助农民解决实际困难。

第4章　江苏省大宗农作物关键农事活动气象服务指标

4.1　大宗农作物主要农事活动概况

1月，麦油处于冬季缓慢生长期或越冬期。需清沟理墒、增施有机肥，用秸秆或土杂肥覆盖等措施防冻；水稻等搞好苗床冬翻，熟化疏松土壤，减少病虫技术，并施有机肥培肥。

2月，麦油处于冬季缓慢生长至返青期。立春后容易发生连阴雨而导致湿渍害，因此，需要及时清沟理墒，加强排水。大田作物若遇冬春干旱，导致土壤严重缺水，应当浇灌返青水。在小麦拔节前、油菜抽薹前日平均气温升至5～8 ℃或以上时进行晴天化学除草，需要注意的是在寒潮来临前后3 d不宜用药，以防加重冻药害。

3月，全省小麦处于返青至拔节孕穗期，油菜处于现蕾开花期。在麦田拔节前清沟理墒、春季化除、旺苗化控，重施薹肥等扫尾，注意恢复补救倒春寒冻害，小麦施拔节肥，做好纹枯病防治；做好水稻、棉花苗床培肥及床土、营养土准备；油菜初花期主动防治菌核病等，结合防治菌核病等药肥混喷防早衰；春玉米、春大豆等在5 cm地温稳定通过10 ℃时开始播种。

4月，全省小麦处于孕穗至抽穗扬花至灌浆充实期，油菜处于开花结荚至绿熟期。小麦高产田及强筋小麦在剑叶抽出一半时每亩施孕穗肥5～8 kg尿素，小麦齐穗扬花初期主动防治赤霉病，隔5～7 d盛花期再治，遇雨补治，注意替换药种并兼治白粉病、锈病、蚜虫等；春玉米、春大豆等在5 cm地温稳定通过10 ℃时开始播种，春玉米3叶前早施苗肥，注意带足底肥、趁墒封闭化除，春玉米3叶前早施苗肥，松土除草，疏通沟系，防治苗期地下害虫；棉花选籽粒饱满健壮种子在清明前后冷尾暖头、连续晴好天气时播种，并进行苗床管理工作；水稻秧田培肥苗床，选购适宜良种。

5月，全省小麦处于灌浆成熟至收获期，下旬苏南及江淮之间地区小麦开始收获；油菜处于成熟收获期。做好小麦赤霉病药剂防治，小麦、油菜叶面喷施1%的磷酸二氢钾或尿素液或生化制剂等，防早衰、防干热风、防高温逼熟；春玉米小喇叭口期补施拔节肥；注意搞好棉花苗床管理，套栽棉适时套栽，麦后、油后棉及时抢栽；快速培肥水稻秧床，预做秧板。水稻抛栽或钵育机摆栽育秧，钵育秧2叶1心施接力肥。

6月，正值夏收夏种高峰期，小麦蜡熟末期机械化抢收，及时抢收并干燥归仓。

麦秸碎草匀抛或匀铺，耕整还田；油菜籽收获晾晒；杂交籼稻始栽，粳稻抛栽或机插，机插后5～7 d结合化学药剂除草，施用第1次分蘖肥；棉花麦后直播或移栽，棉花移栽后及时做好中耕培土，注意整枝打杈，塑造高产株型，防治盲蝽、蚜虫等；夏大豆、夏玉米播种；春玉米追施苗肥和穴施穗肥。

7月，水稻处于分蘖至拔节孕穗期，夏玉米处于拔节至抽雄开花、大豆处于第三真叶至开花期。粳稻浅水分蘖，看苗施分蘖肥或平衡肥，及时防治灰飞虱、条纹叶枯病、二代二化螟、纹枯病等，稻田及时落干搁田，多次轻搁，搁田到硬板，搁田结束后上"跑马水"，倒4叶期叶色褪淡施促花肥；做好夏播玉米、花生、大豆的苗期管理，注意防涝降渍、及时定苗、补施苗肥促平衡；棉花7月上旬初花期施第1次花铃肥，盛花期于打顶前10 d、倒花位08—09时、主茎叶龄19—20时施第2次花铃肥；春玉米于开花后20～25 d、花丝顶端转褐色、籽粒饱满且能挤出乳状液时适期采收鲜食青玉米；收干玉米及时疏通沟系、养根保叶防早衰；长势弱的夏玉米可提前在拔节期施壮秆肥，未施壮秆肥的在小喇叭口后期重施穗肥；在现蕾后、初花期每亩随行施花荚肥5～7 kg尿素，促花保荚；夏大豆在傍晚防治蛴螬并保持地面潮湿，遇连阴雨天气注意排水降渍，封行前中耕松土锄草1次。在现蕾后、初花期每亩随行施花荚肥5～7 kg尿素，促花保荚。

8月，水稻处于拔节至孕穗至破口抽穗期，夏玉米处于抽雄至籽粒成熟期，大豆处于结荚至籽粒成熟期。粳稻倒3叶末至倒2叶初施保花肥，防治纹枯病、螟虫、稻纵卷叶螟、稻飞虱等；春玉米及时收获(干籽)；夏玉米看苗追施花粒肥，在抽雄至吐丝期间亩追施尿素约5 kg，防治大斑病、小斑病、褐斑病、玉米螟、蚜虫等；玉米、大豆注意适时灌溉防旱，大豆及时防治病毒病、霜霉病等病害；棉花适时打顶，改善通风遮光条件。注意防治盲蝽等。

9月，水稻处于抽穗至灌浆结实期，夏玉米处于灌浆至成熟收获期，大豆处于结荚至成熟期。籼稻灌浆结实期注意防治纹枯病、稻纵卷叶螟和褐飞虱等病虫害，注意破口期和齐穗期病虫害防治；上旬收青大豆和青玉米，下旬玉米、大豆在完熟期机械抢收，秸秆粉碎全量还田；约10%的棉铃吐絮时开始采摘；移栽油菜苗床播种；小麦备种。

10月，水稻处于灌浆结实至收获期，夏玉米处于灌浆至收获期，大豆处于结荚至收获期。上旬杂交籼稻收获扫尾，粳稻早熟品种开始收获，中旬粳稻由北向南大面积收获，10月20日为淮北粳稻收获腾茬、确保适期种麦的衔接临界期；玉米、大豆等抓紧抢收、晾晒、安全贮藏；棉花在初霜期前，喷洒棉铃进行脱叶催熟；上旬，油菜苗床管理、直播，10月20日为长江中下游油菜安全直播的临界期，于10月下旬至11月上旬移栽；上旬淮北旱茬小麦及时将前茬秸秆粉碎并深翻入土，中下旬小麦由北向南大面积播种。小麦最适播种期为：淮北旱茬麦10月1—15日，稻茬麦10月10—25日；苏中稻茬麦10月25日—11月5日；苏南稻茬麦11月上旬。过早播：比适期早。略迟播:比适期迟 10 d 以内。迟播:比适期迟 10～20 d。过迟播:比适期迟 20 d 以上。

11 月,水稻处于收获期,小麦处于播种出苗至分蘖期,油菜处于播栽至冬前生长期。上旬是江南地区粳稻最佳收获期及稻茬小麦最佳播种期;江淮地区仍处小麦播种及油菜移栽高峰;淮北地区稻茬小麦播种;小麦、油菜田苗期“四查四补”;中下旬,小麦 4～5 叶期施促蘖(壮蘖)肥;下旬,棉花拔柴或秸秆还田扫尾。

12 月,小麦处于分蘖至越冬期,油菜处于冬前生长至越冬期。上旬遇旱象主动冬灌,对小苗、弱苗增施苗肥促长,清理农家有机肥,均匀撒施麦田、油菜田等,覆盖秸秆,增温保墒,油菜中耕培土,壅根防冻。中旬,淮北小麦越冬始期,淮南小麦、油菜等仍处苗期;下旬,小麦、油菜等作物均进入越冬期,农事活动主要为清沟理墒、培土壅根、增施有机肥,以及覆盖防冻、对旺长麦苗镇压等。

4.2 冬小麦主要农事活动气象服务指标

4.2.1 冬小麦分蘖期

1. 分蘖时间:起时 11 月上旬,终时 11 月下旬。
2. 生产环节:分蘖与降水和温度的关系密切。
3. 适宜气象指标

(1)温度:日平均温度 12～15 ℃。

(2)水分:土壤湿度 15%～20%,田间持水量 60%～80%。

(3)无秋季干旱。

(4)光照充足有利于分蘖和糖分积累。

4. 不利气象指标及影响程度

(1)温度低于 3 ℃或高于 18 ℃,冬小麦分蘖率下降。

(2)水分:土壤干旱,田间持水量<70%,水分条件低,影响小麦分蘖。

(3)季节干旱。10—11 月降水量<40 mm,需浇分蘖水。

(4)阴雨连绵,光照不足,不利于分蘖。

5. 建议

小麦在分蘖期间,会需要大量的氮、磷养分,所以在播种前施以足量的含磷、氮肥料是促进小麦有效分蘖的关键。对于播种过晚,土壤干旱缺水,幼苗生长较弱的地块,在小麦越冬前,结合浇水,每亩追施尿素 7～8 kg,可促进幼苗发育,显著提高幼苗分蘖数。如果冬前小麦分蘖较少,在浇返青水时,最好配合追施尿素,以补充氮元素,保证小麦根系的吸收。氮肥后移技术是将小麦追肥由返青期后移至起身拔节期;土壤肥力高、分蘖成穗率高的品种的地块,追肥可后移至拔节期或旗叶露尖时进行。氮肥后移技术有利于小麦分蘖的两极分化,有效控制春季无效分蘖的滋生,构建小个体、大群体的群体结构,实现高产高效。

4.2.2 冬小麦起身拔节期

1. 起身拔节时间:起时3月中旬,终时4月上旬。

2. 生产环节:冬小麦起身拔节与温度和日照关系密切。

3. 适宜气象指标

(1)温度:日平均气温6~8 ℃,且持续时间长,对小麦起身有利。

(2)日照:日平均日照时长8~10 h,对小麦起身有利。

(3)无5 d以上连阴雨。

(4)无低温冷害。

4. 不利气象指标及影响程度

(1)温度:日平均气温>16 ℃,不利于小麦长大穗。

(2)日照过长、过短均不利于起身。

(3)连阴雨>7 d,易发生病虫害。

(4)气温低于3 ℃,低温冷害,易形成冻害。

5. 建议

冬小麦拔节期追肥是指分蘖生长的高峰期后施用,提高成穗率的同时,还能促进小花分化,让冬小麦长出更大的穗粒。生长类型分为过旺苗、壮苗、弱苗3种情况,追肥和管理措施各有不同。施肥方法根据天气和肥料种类而定。天气晴好,麦田比较干旱,必须以浇水为主,推后追肥。对墒情好的麦田,亩串入或开沟施入磷钾复合肥5~7 kg。

4.2.3 小麦病虫害气象服务指标

1. 发生时间:起时12月中旬,终时6月上旬。

2. 发生环节:小麦自出苗到成熟期间在天气条件的影响下常有白粉病、麦锈病、赤霉病、吸浆虫、蚜虫、黏虫病发生。

3. 适宜气象指标

(1)春天温度高于24 ℃对小麦蚜虫繁殖不利。冬季温度低于-10 ℃对小麦蚜虫越冬不利。

(2)冬季冷、伴随雨雪,不利于吸浆虫越冬。春季4—5月温度高于22 ℃无成虫羽化。

(3)长期干旱高温不利于产卵,温度大于30 ℃,产卵受到控制,温度低于15 ℃时,相对湿度小于65%,对产卵、孵卵、成虫成活率都有影响。

(4)光照充足,无连阴雨,病虫害少。

(5)无大风。

4. 不利气象指标及影响程度

(1)温度15~25 ℃,湿度大,白粉病易入侵发展,温度大于20 ℃,田间荫蔽病迅速。

(2)冬季温暖地温高,小麦蚜虫易越冬。春季雨水多,温度 20～22 ℃,麦田周围杂草多,小麦蚜虫繁殖快。

(3)温度 9～12℃,小麦黑穗病发生流行,黑穗病病菌侵入幼苗。

(4)冬季温度高,雨雪少,小麦吸浆虫越冬虫数增加。春季 4—5 月降水量大于 100 mm,有利于成虫羽化,温度适宜时,大量发生吸浆虫害。

(5)温度 19～23 ℃,相对湿度大时,小麦黏虫产卵数增加。春季气温偏高上升到 5 ℃以上时,蚜虫成虫开始活动,气温稳定在大于 10 ℃,蚜虫流行。

(6)春季 4 月、5 月雨水多,湿度大于 10%,温度 23～28 ℃时,赤霉病孢子易入侵麦穗,且病菌潜育期与温度有关。15～17 ℃侵入麦穗到潜育期 7～8 d;18～20 ℃病菌侵入麦穗到潜育期 4～5 d;大于 25 ℃侵入麦穗后两天赤霉病即可潜育发生。

5. 建议与防范措施

选择种子时要选择繁殖无病种子,使用不带病菌的种子和粪肥,播种时要进行变温浸种消毒,病种子先在 50 ℃温水中浸 1 min,再放在 52～54 ℃温水中浸10 min。要注意冬前和早春防治,消灭越冬菌源,春季要根据天气预报,若预报有连阴雨,应提前做好防治准备,防止病虫害发生发展。另外,在高湿高温下喷洒防治农药时,注意不要把药品打在穗上,以免容易发生药害。

4.2.4 冬小麦收割

1. 成熟收割时间:起时 5 月下旬末,终时 6 月中旬初。

2. 生产环节:冬小麦成熟收割期影响最大的是连阴雨和大风。

3. 适宜气象指标

(1)晴好天气,无连阴雨。

(2)无大风,风速小于 3 级。

(3)无大暴雨,降水量小于 30 mm。

4. 不利气象指标及影响程度

(1)连阴雨>3 d。阴雨连绵成熟的小麦易出芽、烂麦。

(2)大风大于 5 级,影响收打。

(3)大到暴雨。突发性强,易造成塌场、沤麦。

5. 建议

注意收听麦收期的中长期天气预报和短期天气预报,根据收麦期的天气情况安排麦收生产,并抓住天时,抢收抢打。

4.3　油菜主要农事活动气象服务指标

4.3.1　油菜农事活动气象服务指标

1. 生长时间：起时 9 月 20 日，终时 5 月下旬。

2. 生产环节：油菜生长过程包括播种期、发芽期、抽薹期、花期、子实期几个生长阶段。

3. 适宜气象指标

(1)油菜属于中温作物，较耐寒，喜湿润气候。

(2)耗水量：从播种至收获需水 350～500 mm。

(3)子实期无连阴雨。

(4)成熟期无大风，风力小于 3 级。

(5)各生育期温度：播种期 18～20 ℃，发芽期 6～9 ℃，抽薹期 2～18 ℃，花期 14～18 ℃，子实期 18～22 ℃。

4. 不利气象指标及影响程度

(1)气温低于－15 ℃，越冬幼苗会冻死。

(2)花期气温低于 10 ℃或高于 22 ℃，花量显著减少，低于 5 ℃不能开花。

(3)子实期气温高于 25 ℃或低于 9 ℃，影响花正常发育。

(4)花期空气相对湿度小于 60％或高于 90％，都不利于授粉。

(5)子实期遇连阴雨天气，光照不足，推迟成熟，秕粒增多，含油量降低，连阴雨常诱发病虫害，造成减产。

5. 建议

注意子实期的连阴雨及诱发的病虫害防治，特别对已成熟的油菜荚要及时收获。早施、勤施苗肥，及时供应油菜苗期所需养分，利用冬前短暂的较高气温，促进油菜的生长，达到壮苗越冬，为油菜高产稳产打下基础。苗肥可分苗前期和苗后期两次追肥。苗前期肥在定苗时或 5 片真叶时施用；苗后期追肥应视苗情和气候而定。一般每亩施用高氮复合肥 8～10 kg。春性强的品种或冬季较温暖的地区宜早施，冬季气温低或三熟油菜区可适当晚施。抽薹期是营养生长和生殖生长并进期，是需肥较多的时期，也是增枝增荚的关键时期。因此，要根据底肥、苗肥的施用情况和长势酌情稳施薹肥。

4.3.2　菌核病防治

油菜菌核病菌核形成的温度在 5～30 ℃，适合在 14～25 ℃的环境下生存，相对湿度 90％，则 1 个月内左右会全部成活；相对湿度 80％，则病害问题会变得越来越严重；相对湿度在 75％以下发病情况较轻；湿度水平处于 60％以下发生病害的概率较低。如果油菜种植区域存在排水不良或种植密度过大及油菜生长过旺、生长倒伏怪现象，都会增加病害的发生概率。种植区域内通风性和透光性差，湿度水平较高会给病菌的繁殖提供合适的环境，通过长期实践表明，如果降水量较多，菌核病的发病概率较高，发病也会也越来越严重。谢花盛期阶段如果温度高、降水量多，将会为病害的流行创造条件。

4.4　水稻主要农事活动气象服务指标

4.4.1　水稻水肥气象服务指标

水稻对水分条件要求比较严格，其生育期不同，需水量也不同。播种至一叶期应保持秧田湿润，不要长期灌水或积水，播种期间遇到高温天气，秧田不宜灌水，要排除秧田积水，以防烫死谷芽，但是在不灌水的情况下，遇大雨也影响秧苗生长；二至四叶期，保持秧田湿润，四叶期以后不再灌水，控制秧苗生长；分蘖前期浅水勤灌，分蘖末期，适时排水搁田，控制无效分蘖。进入幼穗分化期，是需水量最多的时期，稻田内要保证一定的水量以便于养胎；在抽穗扬花期，大雨或空气湿度过小，都对抽穗扬花不利；灌浆期如遇连续低温阴雨，湿度较大，则易引发病虫害，影响产量。

水稻施肥期可分为基肥、分蘖肥、穗肥、粒肥四个时期。基肥在水稻移栽前施入土壤，基肥占化肥总量的40%，结合后一次耙田施用。分蘖期是增加株数的重要时期，分蘖肥在移栽或插秧后半个月施用。穗肥分为促花肥和保花肥，促花肥是在穗轴分化期至颖花分化期施用，此期可施氮肥增加每穗颖花数，保花肥在花粉细胞减数分裂期稍前施用，具有防治颖花退化和增加茎鞘贮藏物积累的作用。粒肥具有延长叶片功能、提高光合强度、增加粒重、减少空秕粒的作用。尤其群体偏小的稻田及穗型大、灌浆期长的品种，建议施用少量尿素。

水稻灌浆成熟期是决定千粒重的关键期。一般自开花受精至开花后15～25 d内粒重迅速增加，籽粒的长度、宽度与厚度均达最大值。高峰过后，增重缓慢。灌浆增重全程大约30 d。在低温条件下灌浆高峰期明显降低，全程拉长。当日平均气温≤18 ℃连续3 d以上即对灌浆结实有影响，如持续低温与干风共同影响，可导致茎叶干枯，粒重明显下降。成熟前30～45 d，丰富的日照有利于提高产量。持续阴雨天则影响谷粒的饱满程度。收获期以晴好天气为主，雨水少，光温适宜，有利于水稻的最后成熟，适宜正常收获晾晒。

4.4.2　稻瘟病、稻曲病发生气象条件及防治

当温度在25～28 ℃，相对湿度在90%以上时，稻瘟病易暴发流行，晚稻孕穗、抽穗期如遇阴雨多湿天气，适宜病菌生长发育，易造成穗颈瘟的流行。夏季高温情况影响稻瘟病的发生。稻瘟病菌丝的生长、分生孢子的形成、萌发和芽管的生长等最适宜的温度均为25～28 ℃，当温度在此区间时，有利于稻瘟菌的生长和发育。光照对稻瘟病的发生也有重要影响，一方面光照会对稻瘟病的发生产生抑制作用，另一方面稻

瘟菌分生孢子的产生却需要有光照段刺激，因此，光照对稻瘟病的影响与稻瘟菌的发生发展阶段有关。空气湿度也会影响稻瘟菌孢子的形成和萌发，空气湿度高时附在水稻叶片表面的分生孢子易萌发，且孢子侵染率高、稻瘟菌潜育期短，稻瘟病病斑会较早出现。因此在长期连阴雨的天气状况下，要及时采取预防措施，以避免或减少稻瘟病的发生。

稻曲病的发病程度与日照时数、降水量、相对湿度和温度有着密切关系。病菌要求气温 24～32 ℃，孕穗、抽穗期多雨雾会发大病。防治稻曲病要根据水稻品种特性，调整播期，使水稻易感生育期避开连绵阴雨天气，合理密植、合理灌溉、适时晒田，避免田间湿度过高。稻曲病发病后没有有效的治疗药剂，因此，要在水稻孕穗末期至破口初期及时用药预防。

4.5 玉米主要农事活动气象服务指标

4.5.1 玉米播种期

1. 播种时间：起时 6 月 1 日，终时 6 月 20 日。

2. 生产环节：玉米播种期与温度、地温和田间水分关系十分密切。

3. 适宜气象指标

(1)发芽最低温度稳定在 8～10 ℃或以上。

(2)地温稳定 10～12 ℃，高于 10 ℃即可播种。

(3)土壤水分：田间持水量 60%～80%适宜。

4. 不利气象指标及影响程度

(1)温度偏低，若低于 8 ℃，不利于播种出苗。

(2)土壤田间持水量偏小，若<50%，干旱，不利于种子膨胀出芽。

(3)播种期干旱≤20 mm，无透墒雨，推迟播种。6 月 30 日前无透墒雨，则晚播减产，进入播期后，每晚播 1 d，亩产可减产 3.5～7.5 kg。

5. 建议

玉米播种期如遇干旱，最好采用灌溉播种或麦垄玉米点播等措施，确保玉米适时播种出苗。

4.5.2 玉米苗期

1. 苗期生长时间：起时 1 月中旬，终时 7 月中旬。

2. 生产环节：玉米苗期是否苗壮受温度、降水量的直接影响。

3. 适宜气象指标

(1)苗期温度 18～30 ℃，生长最低温度高于 10 ℃。

(2)根系生长适宜温度是地温 20～24 ℃。

(3)苗期降水量 80～180 mm，能满足苗期所需水分。

(4)耕作层土壤水分为田间持水量的60%～70%，土壤水分充足，幼苗发育快。

4. 不利气象指标

(1)温度偏低(<－1 ℃)，短时间气温偏低，幼苗受冻伤或死亡。

(2)地温偏低(4～5 ℃)，根系停止生长。

(3)出现连阴雨(≥5 d)，玉米出苗慢。

(4)出现干旱(降水量<50 mm)，影响幼苗生长。

(5)雨量>100 mm，发生积涝，幼苗易弱黄或死亡。

5. 建议

注意抗旱浇苗和排涝，避免出现内涝渍灾。

4.5.3　玉米拔节抽穗期

1. 拔节抽穗时间：起时7月下旬，终时8月上旬。

2. 生产环节：玉米拔节抽穗期与温度、水分关系密切。

3. 适宜气象指标

(1)温度适宜：在24～26 ℃为适宜。

(2)水分充足：土壤水分田间持水量≥70%。

(3)无冰雹天气。

4. 不利气象指标及影响程度

(1)温度低于20 ℃，将延迟抽穗。

(2)玉米拔节抽穗期前后20 d内无透雨，田间持水量≤60%。玉米拔节抽穗叶子凋萎，雌穗不孕空杆，严重减产。

(3)长连阴雨，光合作用减弱，也会发生空杆。

5. 建议

及时灌溉浇水，做好长期阴雨的排涝工作，防御内涝。

4.5.4　玉米开花授粉期

1. 开花授粉时间：起时8月上旬，终时8月中旬。

2. 生产环节：玉米开花授粉期与温度、水分、降水量关系十分密切，这个时期怕出现高温干旱。

3. 适宜气象指标

(1)玉米授粉的适宜温度为25～28 ℃。

(2)晴朗微风，风力≤3级。

(3)空气湿度65%～90%。

(4)开花到成熟需降水量100～280 mm。

(5)无高温干旱。

4. 不利气象指标及影响程度

(1)温度偏高(32～35 ℃),玉米授粉期易捂包。

(2)降水少,空气相对湿度偏低(<50%),土壤相对湿度<15%,干旱花丝枯萎。开花极少。

(3)温度偏低(<18 ℃),花粉失去生命力,影响授粉。

(4)大风≥5级,易引起柱头干枯。

(5)高温干旱(≥35 ℃),1～2 h花粉死亡。

5. 建议

玉米开花授粉期注意防旱,及时灌溉,预防温度偏高或偏低。

4.5.5 玉米成熟期

1. 成熟时间:起时9月上旬,终时9月中旬。

2. 生产环节:玉米成熟期关键是温度和适宜的土壤水分。

3. 适宜气象指标

(1)温度20～25 ℃为最佳温度。

(2)天气晴朗且温暖。

(3)土壤水分充足。

4. 不利气象指标及影响程度

(1)温度偏高(25～30 ℃),干热天气因前期过早成熟。

(2)温度偏低(<16 ℃),灌浆停止,延迟成熟。

(3)连阴雨(>10 d),影响玉米成熟的质量。

(4)干旱,不利于物质的积累,结实不饱满。

5. 建议

玉米成熟后,及时收获,脱离、晾晒,及时库存。

4.5.6 玉米病虫害气象服务指标

1. 发生时间:起时6月上旬,终时9月上旬。

2. 发生环节:玉米在播种生长过程中易发生大斑病,小斑病、玉米螟等病虫害。

3. 适宜气象指标

(1)干旱对玉米各种病虫害流行不利。

(2)高温、干旱,相对湿度在40%以下时发生病虫害显著减少。

(3)大风、大雨使卵、幼虫大量死亡。

4. 不利气象指标及影响程度

(1)温度26～32 ℃时,玉米小斑病易发生。

(2)温度16～32 ℃,相对湿度大于60%时,有利于玉米螟虫各虫态发生发展;春夏季节雨多湿度大,对越冬幼虫化蛹、羽化、产卵发生流行有利。

(3)温度20～25 ℃,病虫产卵量增多。

5. 建议与防范措施

注意选用抗病耐病品种，耕作土地要进行深耕、深翻、倒茬，适时早播以避开发病严重的多雨和高温季节，出现病虫害要及早防治，以防蔓延。

4.6 大豆主要农事活动气象服务指标

4.6.1 大豆播种和出苗期

1. 大豆出苗时间：起时6月上旬，终时6月下旬。

2. 生产环节：大豆播种和出苗期与土温和土壤水分有一定的关系。

3. 适宜气象指标

(1)大豆喜光喜温。

(2)大豆播种出苗期需水量大，800～1000 mm为宜。

(3)土温达到适宜(15 ℃)即可播种。

(4)土壤水分足但不过湿，相对湿度为18%～20%即可。

4. 不利气象指标及影响程度

(1)土温<8 ℃，大豆播种后不能发芽。土温<14 ℃，大豆发芽缓慢。

(2)幼苗期低温(≤−3 ℃)，幼苗将遭受损害。

(3)干旱，土壤湿度小，对发芽不利。

(4)长连阴雨(>10 d)，种子易腐烂。

5. 建议

注意遇干旱天气时，及时抗旱保墒播种，争取全苗、壮苗。

4.6.2 大豆分枝期

1. 分枝生长时间：起时7月上旬，终时7月中旬。

2. 生产环节：大豆分枝与温度和土壤水分关系密切。

3. 适宜气象指标

(1)气温适宜(20～25 ℃)。

(2)降水量正常(40～60 mm)。

(3)土壤水分适宜，相对湿度在18%～20%。

(4)无干旱。

4. 不利气象指标及影响程度

(1)气温偏低(<20 ℃)，停止生长。

(2)降水量偏多(>7 mm)，土壤水分过多，根系发育不良，容易徒长。

(3)干旱，降水量<30 mm，影响分枝生长。

5. 建议

干旱情况下可进行灌溉，以喷灌滴灌为最佳灌溉措施。

4.6.3　大豆开花结荚期

1. 开花结荚时间：起时 8 月上旬，终时 8 月中旬。

2. 生产环节：大豆开花结荚期与温度、相对湿度和是否干旱有一定的关系。

3. 适宜气象指标

(1)无伏旱，降水量正常(70～130 mm)。

(2)无连阴雨，连续降水日数小于 2 d。

(3)气温适宜(24～26 ℃)。

(4)相对湿度 70%～80%。

(5)土壤水分充足。

4. 不利气象指标及影响程度

(1)8 月的伏旱、降水量正常(70～130 mm)。

(2)连阴少光，日照时数<6 h，日照少，开花期光照不足，花量大量减少，造成减产。

(3)气温偏低(<15 ℃)或偏高(>30 ℃)，对开花不利，落花严重。

(4)相对湿度偏大(>90%)或相对湿度偏小(<20%)，不利于开花，影响严重。

(5)气温剧变，易落花落荚。

5. 建议

主要是出现伏旱时及时灌溉，保障开花结荚和光合作用的顺利进行。

4.6.4　大豆成熟期

1. 成熟时间：起时 9 月上旬，终时 9 月下旬。

2. 生产环节：光温是大豆能否高产丰收的关键。

3. 适宜气象指标

(1)阳光充足，天气干燥，有利于成熟。

(2)温度适宜，20 ℃左右。

(3)无大风(>3 级)，无高温(>35 ℃)。

4. 不利气象指标及影响程度

(1)气温偏高(≥30 ℃)，大豆成熟易炸荚；气温偏低(<15 ℃)，大豆不易成熟。

(2)连阴雨(>7 d)，不利于大豆成熟和收打。

(3)大风(≥5 级)，大豆成熟后易炸荚。

5. 建议

注意大豆成熟后，及时收打、晾晒、入仓。

4.6.5　大豆病虫害防治

根腐病是大豆生产中危害较大的一种病害，多发生于大豆幼苗期，其病原菌主要来源于土壤，或通过田间植株病残体侵染下茬大豆幼苗来进行传播，早春低温会加剧该病的发生，适当晚播可以降低其发病率。预防该病的主要措施是加强检疫，播种前对大豆种子进行消毒。栽培期间，应加强田间管理，注意进行深耕栽培，并防止田间出现积水。

花叶病也是受气候影响较大的大豆病虫害，大豆花叶病的病原菌主要依靠蚜虫传播，因此，蚜虫数量偏多的干旱地区发病率偏高。此外，环境恶劣导致大豆抗逆能力下降，也会导致该病的发病率上升。若春季多干旱，夏季多洪涝时，发病数增加，防治该病要在栽培过程中加强预防管理，及时淘汰病株，大力推广种植抗病品种，及时防治蚜虫(吴媛媛，2021)。

大豆感染霜霉病会严重降低大豆产量和品质，多发生于春夏之交，在降水量增多、土壤湿度增大时，发病率显著增高。大豆主要在成株期感染此病。防治此病要在播种前进行筛种和种子消毒，采取轮作的栽培方式。

第 5 章　江苏省大宗农作物逐月气象服务重点

5.1　大宗农作物种植制度及生产时间表

江苏省主要农作物种植制度及生产时间见表5.1。

表5.1　江苏省主要农作物种植制度及生产时间

<table>
<tr><td rowspan="3">类别</td><td rowspan="2">时间</td><td colspan="3">1月</td><td colspan="3">2月</td><td colspan="3">3月</td><td colspan="3">4月</td><td colspan="3">5月</td><td colspan="3">6月</td><td colspan="3">7月</td><td colspan="3">8月</td><td colspan="3">9月</td><td colspan="3">10月</td><td colspan="3">11月</td><td colspan="3">12月</td></tr>
<tr><td>上</td><td>中</td><td>下</td><td>上</td><td>中</td><td>下</td><td>上</td><td>中</td><td>下</td><td>上</td><td>中</td><td>下</td><td>上</td><td>中</td><td>下</td><td>上</td><td>中</td><td>下</td><td>上</td><td>中</td><td>下</td><td>上</td><td>中</td><td>下</td><td>上</td><td>中</td><td>下</td><td>上</td><td>中</td><td>下</td><td>上</td><td>中</td><td>下</td><td>上</td><td>中</td><td>下</td></tr>
<tr><td>节气</td><td>小寒</td><td></td><td>大寒</td><td>立春</td><td></td><td>雨水</td><td>惊蛰</td><td></td><td>春分</td><td>清明</td><td></td><td>谷雨</td><td>立夏</td><td></td><td>小满</td><td>芒种</td><td></td><td>夏至</td><td>小暑</td><td></td><td>大暑</td><td>立秋</td><td></td><td>处暑</td><td>白露</td><td></td><td>秋分</td><td>寒露</td><td></td><td>霜降</td><td>立冬</td><td></td><td>小雪</td><td>大雪</td><td></td><td>冬至</td></tr>
<tr><td rowspan="7">夏熟作物</td><td rowspan="2">淮北小麦</td><td colspan="4">越冬期</td><td>返青</td><td></td><td></td><td colspan="2">拔节</td><td></td><td></td><td>抽穗</td><td></td><td></td><td></td><td>收获</td><td colspan="11">后茬种水稻、玉米、大豆、甘薯等秋粮；麦套或麦后棉花；花生、芝麻；以及蔬菜等</td><td colspan="3">播种(早茬早，稻茬迟)</td><td colspan="4">苗期(分蘖)</td><td colspan="2">越冬</td></tr>
<tr><td></td><td></td><td></td><td></td><td></td><td></td><td></td><td colspan="2">拔节肥</td><td colspan="2">孕穗肥</td><td></td><td></td><td></td><td></td><td></td><td></td><td></td><td></td><td></td><td></td><td></td><td></td><td></td><td></td><td></td><td></td><td colspan="3">基肥</td><td colspan="3">苗(平衡)肥</td><td></td><td></td><td></td></tr>
<tr><td rowspan="2">淮南小麦</td><td colspan="3">越冬期</td><td colspan="2">返青</td><td></td><td></td><td>拔节</td><td></td><td></td><td></td><td>抽穗</td><td></td><td></td><td>收获</td><td colspan="13">后茬种水稻、玉米、大豆、甘薯等秋粮；麦套或麦后棉花；花生、芝麻；以及蔬菜等经济作物</td><td colspan="3">播种期</td><td colspan="4">苗期(分蘖)</td><td>越冬</td></tr>
<tr><td></td><td></td><td></td><td></td><td></td><td></td><td colspan="2">拔节肥</td><td colspan="2">孕穗肥</td><td></td><td></td><td></td><td></td><td></td><td></td><td></td><td></td><td></td><td></td><td></td><td></td><td></td><td></td><td></td><td></td><td></td><td></td><td colspan="3">基肥</td><td></td><td colspan="2">苗(平衡)肥</td><td></td><td></td></tr>
<tr><td>大麦</td><td colspan="3">越冬期</td><td colspan="2">返青</td><td></td><td>拔节</td><td></td><td></td><td></td><td>抽穗</td><td></td><td></td><td>收获</td><td colspan="15">后茬接水稻、玉米、大豆、甘薯等秋粮；麦后棉花；以及蔬菜、西瓜等经济作物</td><td colspan="3">播种期</td><td colspan="3">苗期(分蘖)</td><td>越冬</td></tr>
<tr><td>油菜</td><td colspan="4">越冬期</td><td>返青</td><td></td><td>抽薹</td><td></td><td>始花</td><td colspan="2">盛花</td><td>终花</td><td></td><td colspan="2">成熟收获</td><td colspan="9">后茬种水稻、油后棉、及蔬菜等作物</td><td colspan="2">苗床播种</td><td colspan="2">秧苗期</td><td colspan="2">大田移栽</td><td colspan="5">苗期</td><td>越冬</td></tr>
<tr><td>蚕豌豆</td><td colspan="4">越冬期</td><td>返青</td><td></td><td></td><td></td><td colspan="5">开花结荚期</td><td colspan="2">成熟收获</td><td colspan="12">后茬种水稻、棉花、玉米及蔬菜等作物</td><td colspan="2">播种</td><td colspan="6">苗期</td><td>越冬</td></tr>
<tr><td rowspan="9">秋熟作物</td><td>杂交籼稻</td><td colspan="11">前茬接小(大)麦、油菜等</td><td colspan="4">播种落谷秧苗期</td><td colspan="2">移栽</td><td colspan="3">大田分蘖期</td><td colspan="2">拔节孕穗期</td><td>齐穗</td><td colspan="4">灌浆结实期</td><td>收获</td><td colspan="8">后茬种小麦、油菜等</td></tr>
<tr><td>粳稻</td><td colspan="12">前茬接小(大)麦、油菜等</td><td colspan="4">播种落谷秧苗期(北早南迟)</td><td colspan="2">移栽</td><td colspan="3">大田分蘖期</td><td colspan="3">拔节孕穗期</td><td colspan="4">灌浆结实期</td><td colspan="3">收获期(北早南迟)</td><td colspan="5">后茬种小(大)麦、油菜等</td></tr>
<tr><td>春玉米</td><td colspan="8">前茬可接麦套(留幅)、冬春蔬菜等</td><td colspan="2">播种出苗</td><td colspan="3">苗期</td><td colspan="2">拔节</td><td colspan="2">孕穗</td><td>抽雄</td><td colspan="3">灌浆(收青)</td><td>收获</td><td colspan="8">后茬套种瓜菜或接短季秋菜后再秋播</td><td colspan="6"></td></tr>
<tr><td>夏玉米</td><td colspan="14">前茬接麦后或麦套(留幅)、大棚瓜菜茬等</td><td colspan="2">播种</td><td colspan="3">苗期</td><td>拔节</td><td></td><td>抽雄</td><td colspan="3">灌浆(收青)</td><td>收获</td><td colspan="10">后茬种小麦或其他经济作物</td></tr>
<tr><td>甘薯</td><td colspan="8">前茬接麦后或麦套等</td><td colspan="7">育苗阶段
(排种、出苗、长苗、炼苗、采苗)</td><td colspan="2">大田栽插</td><td colspan="9">大田生长阶段(发根缓苗，团棵分枝，封垄结薯，茎叶盛长，薯快膨大，茎叶衰退)</td><td colspan="4">分批收获</td><td colspan="6">后茬种小麦或设施蔬菜等经济作物</td></tr>
<tr><td>大豆</td><td colspan="14">前茬接麦后或麦套(留幅)、大棚瓜菜茬等</td><td colspan="3">播种出苗期</td><td colspan="3">幼苗分枝期</td><td colspan="4">开花结荚期</td><td colspan="3">鼓粒成熟期至收获期</td><td colspan="9">后茬种小麦或其他经济作物</td></tr>
<tr><td>花生</td><td colspan="12">前茬接麦后或麦套(留幅)、大棚瓜菜茬等</td><td colspan="2">播种出苗期</td><td colspan="2">幼苗期</td><td colspan="3">花针期</td><td colspan="3">结果期</td><td colspan="3">饱果期(收青)</td><td>收获</td><td colspan="10">后茬种小麦或其他经济作物</td></tr>
<tr><td>移栽棉</td><td colspan="8">前茬接大麦或小麦留幅套栽等</td><td colspan="2">播种育苗</td><td colspan="3">苗期</td><td colspan="2">移栽</td><td colspan="2">现蕾</td><td>盛蕾</td><td>初花</td><td colspan="2">盛花</td><td colspan="2">盛铃</td><td></td><td>吐絮</td><td colspan="4">吐絮、成熟、收获</td><td colspan="7">后茬种大麦、小麦(套播)、油菜、大蒜等经济作物</td></tr>
<tr><td>直播棉</td><td colspan="10">前茬接麦后或麦套等</td><td colspan="2">播种</td><td colspan="4">苗期</td><td colspan="3">现蕾</td><td colspan="2">开花</td><td colspan="4">结铃</td><td colspan="6">吐絮、成熟、收获</td><td colspan="5">后茬种大麦小麦(套播)、油菜、大蒜等</td></tr>
</table>

江苏省主要农作物病虫害防治时间见表5.2。

表5.2 江苏省主要农作物病虫害防治时间

类别	时间	1月			2月			3月			4月			5月			6月			7月			8月			9月			10月			11月			12月		
		上	中	下	上	中	下	上	中	下	上	中	下	上	中	下	上	中	下	上	中	下	上	中	下	上	中	下	上	中	下	上	中	下	上	中	下
	节气	小寒		大寒	立春		雨水	惊蛰		春分	清明		谷雨	立夏		小满	芒种		夏至	小暑		大暑	立秋		处暑	白露		秋分	寒露		霜降	立冬		小雪	大雪		冬至
夏熟作物	小麦							防治纹枯病，以及阔叶杂草				防治赤霉病、白粉病、蚜虫，于小麦扬花始期用药，苏南沿江于4月中下旬，江淮北部与淮北于5月上旬		防治麦田灰飞虱																	药剂浸种或拌种防治地下害虫、黑穗病、纹枯病等							
夏熟作物	小麦																															出苗前后防治禾本科杂草					
夏熟作物	油菜								防治油菜菌核病，防治蚜虫			防治蚜虫																									
秋熟作物	水稻														防治秧田灰飞虱、兼治一代二化螟						本田第一次总体战，防治两迁害虫、纹枯病、叶稻瘟		杂交稻破口期防治两迁害虫、稻瘟病、纹枯病等														
秋熟作物	水稻																防治本田二代灰飞虱						常规粳稻防治两迁害虫、纹枯病		破口期防治穗颈瘟、纹枯病、两迁害虫、螟虫等												
秋熟作物	水稻																防治直播稻田灰飞虱									灌浆前期防治两迁害虫、纹枯											

江苏省水稻施肥时间见表5.3。

表5.3　江苏省水稻施肥时间

<table>
<tr><td rowspan="2">类别</td><td rowspan="2">时间</td><td colspan="3">1月</td><td colspan="3">2月</td><td colspan="3">3月</td><td colspan="3">4月</td><td colspan="3">5月</td><td colspan="3">6月</td><td colspan="3">7月</td><td colspan="3">8月</td><td colspan="3">9月</td><td colspan="3">10月</td><td colspan="3">11月</td><td colspan="3">12月</td></tr>
<tr><td>上</td><td>中</td><td>下</td><td>上</td><td>中</td><td>下</td><td>上</td><td>中</td><td>下</td><td>上</td><td>中</td><td>下</td><td>上</td><td>中</td><td>下</td><td>上</td><td>中</td><td>下</td><td>上</td><td>中</td><td>下</td><td>上</td><td>中</td><td>下</td><td>上</td><td>中</td><td>下</td><td>上</td><td>中</td><td>下</td><td>上</td><td>中</td><td>下</td><td>上</td><td>中</td><td>下</td></tr>
<tr><td></td><td>节气</td><td>小寒</td><td></td><td>大寒</td><td>立春</td><td></td><td>雨水</td><td>惊蛰</td><td></td><td>春分</td><td>清明</td><td></td><td>谷雨</td><td>立夏</td><td></td><td>小满</td><td>芒种</td><td></td><td>夏至</td><td>小暑</td><td></td><td>大暑</td><td>立秋</td><td></td><td>处暑</td><td>白露</td><td></td><td>秋分</td><td>寒露</td><td></td><td>霜降</td><td>立冬</td><td></td><td>小雪</td><td>大雪</td><td></td><td>冬至</td></tr>
<tr><td rowspan="5">秋熟作物</td><td>杂交籼稻</td><td colspan="11">前茬接小(大)麦、油菜等</td><td colspan="4">播种落谷秧苗期</td><td colspan="2">移栽期</td><td colspan="3">大田分蘖期</td><td colspan="2">拔节孕穗期</td><td>齐穗期</td><td colspan="4">灌浆结实期</td><td>收获期</td><td colspan="8">后茬种小麦、油菜等。</td></tr>
<tr><td></td><td colspan="15">苗床培肥</td><td>基肥：移栽前施用</td><td colspan="2">分蘖肥：分两次施，一次在栽后5～7 d施，过一星期后再补施一次</td><td></td><td></td><td colspan="2">穗肥：一般在叶龄余数2.0时施用</td><td></td><td colspan="4">粒肥：采用叶面喷肥</td><td colspan="9"></td></tr>
<tr><td>粳稻</td><td colspan="12">前茬接小(大)麦、油菜等</td><td colspan="5">播种落谷秧苗期(北早南迟)</td><td colspan="2">移栽期</td><td colspan="3">大田分蘖期</td><td colspan="3">拔节孕穗期</td><td colspan="4">灌浆结实期</td><td colspan="3">收获期(北早南迟)</td><td colspan="4">后茬种小(大)麦、油菜等</td></tr>
<tr><td></td><td colspan="17">苗床培肥</td><td>基肥：移栽前施用</td><td></td><td colspan="2">分蘖肥：分两次施，一次在栽后5～7 d施，过一星期后再补施一次</td><td></td><td colspan="2">穗肥：一般在叶龄余数分别为4.0和2.0时分别施用促花肥和保花肥</td><td></td><td colspan="4">粒肥：采用叶面喷肥</td><td colspan="7"></td></tr>
<tr><td></td><td colspan="36">水稻大面积生产中施肥主要分基肥、分蘖肥和穗肥。一般基蘖肥：穗肥的比例为6：4到5：5</td></tr>
</table>

江苏省油菜施肥时间见表5.4。

表5.4　江苏省油菜施肥时间

类别	时间	1月			2月			3月			4月			5月			6月			7月			8月			9月			10月			11月			12月		
		上	中	下	上	中	下	上	中	下	上	中	下	上	中	下	上	中	下	上	中	下	上	中	下	上	中	下	上	中	下	上	中	下	上	中	下
	节气	小寒		大寒	立春		雨水	惊蛰		春分	清明		谷雨	立夏		小满	芒种		夏至	小暑		大暑	立秋		处暑	白露		秋分	寒露		霜降	立冬		小雪	大雪		冬至
夏熟作物	油菜	越冬期				返青期		抽薹期		始花期	盛花期		终花期		成熟收获期		后茬种水稻、油后棉、及蔬菜等作物									苗床播种期		秋苗期		大田移栽期		苗期					越冬期
					早施返青接力肥			重施薹肥		巧施花肥，以根外喷肥为主，结合菌核病防治进行肥药混喷															播前施苗床基肥			3叶期前以水调肥，以稀粪水为主	移栽前5～6 d施起身肥	移栽时，施足基肥			移栽活棵后，早施苗肥			越冬以后施腊肥，以农家肥为主	
		生产上施肥时间以“基肥、返青肥”为主，“苗肥、薹肥”其次，“腊肥、淋花肥”较少																																			

江苏省夏玉米施肥时间见表5.5。

表5.5　江苏省夏玉米施肥时间

类别	时间	1月			2月			3月			4月			5月			6月			7月			8月			9月			10月			11月			12月		
		上	中	下	上	中	下	上	中	下	上	中	下	上	中	下	上	中	下	上	中	下	上	中	下	上	中	下	上	中	下	上	中	下	上	中	下
	节气	小寒		大寒	立春		雨水	惊蛰		春分	清明		谷雨	立夏		小满	芒种		夏至	小暑		大暑	立秋		处暑	白露		秋分	寒露		霜降	立冬		小雪	大雪		冬至
秋熟作物	夏玉米	前茬接麦后或麦套(留幅)、大棚瓜菜茬等														播种期		苗期				拔节期		灌浆(收青)			收获	后茬种小麦或其他经济作物									
																		播种期		苗期		拔节期		抽雄期	灌浆(收青)期			收获期									
																		基肥、种肥					10叶展——大喇叭口期重施穗肥		可少量施用粒肥或叶面喷肥												

5.2　逐月重要气象条件和主要农时农事

1.1 月

冬小麦：全省处于越冬期或冬季缓慢生长期。

油菜：全省处于越冬期或冬季缓慢生长期。

· 适宜的气象条件

以晴暖天气、土壤相对湿度在 60%～80%为宜。

· 不利的气象条件

(1)最低气温低于－5 ℃受冻害，低于－8 ℃受冻害较重，低于－10 ℃严重受冻，并有冻死的可能。

(2)暖冬生长过旺，返青后易受春霜冻害，并利于病虫越冬。

(3)冬雨过多，土壤过湿，不利于根系生长；土壤过干，相对湿度低于 50%时，易受干冻害。

· 主要气象灾害

(1)冻害。

(2)淮北干旱。

(3)连阴雨雪。

· 防御对策及农事建议

(1)追施腊肥，覆盖农家肥，以利增温保墒。

(2)保苗防冻，促根生长，为实现春季壮秆稳长和争大穗打好基础。

(3)合理灌水，减少地温变幅。

2.2 月

冬小麦：淮北和江淮之间处于越冬至返青期；苏南处于返青至起身期。

油菜：淮北及江淮之间处于越冬至返青期；苏南处于返青至现蕾至抽薹期。

· 适宜的气象条件

(1)越冬作物以晴暖天气为宜。

(2)麦油返青期适宜温度 4～6 ℃。

(3)小麦起身期适宜温度 6～8 ℃。

(4)油菜现蕾期适宜气温 5～10 ℃。

(5)土壤相对湿度 70%～80%。

· 不利的气象条件

(1)强寒潮袭击易受冻害。

(2)暖冬生长过旺，返青后易受春霜冻害，并利于病虫越冬。

(3)回暖后气温急剧下降，最低气温低于 2 ℃会发生冻害。

(4)长期干旱,会影响幼穗发育。

(5)连阴雨致麦田生长缓慢、易感染病虫害。

(6)阴雨寡照,影响植株营养体增大。

· 主要气象灾害

(1)冻害。

(2)淮北干旱。

(3)连阴雨雪。

· 防御对策及农事建议

(1)清沟理墒,沟系配套,预防春后雨水增加,渍害发生。

(2)加强小麦、油菜田间管理,追肥培土,清除杂草,以促进苗情转化。

(3)干旱年份以水调肥,以肥促发。

3.3 月

冬小麦:全省处于起身至拔节期。

油菜:全省处于现蕾至抽薹至开花期。

· 适宜的气象条件

(1)作物起身期适宜温度 6～8 ℃。

(2)拔节期适宜温度 12～14 ℃。

(3)油菜抽薹期适宜温度 10～15 ℃;白天气温 14～18 ℃,晚上最低温度在 1 ℃以上有利于油菜开花。

(4)油菜开花期晴天微风,有利于蜜蜂传粉、提高结实率。

(5)在田作物以土壤相对湿度在 70%～80%为宜。

· 不利的气象条件

(1)遇冷空气袭击,最低气温降到 2 ℃以下,小麦和油菜会发生冻害。

(2)长期干旱,会影响小麦幼穗发育。

(3)连阴雨致麦田生长缓慢、易感染病虫害。

(4)阴雨寡照,影响油菜植株营养体增大。

· 主要气象灾害

(1)春霜冻害。

(2)淮北干旱。

(3)淮河以南湿渍害。

(4)大风、大雨。

· 防御对策及农事建议

(1)关注强降温,在霜冻来临前浇春水保苗。

(2)多雨时应及时清沟排明水、滤暗水,保证雨止田干,促使土壤空气充足,根系活力加强,减轻病害。

(3)重施小麦穗肥,促进壮杆大穗。

(4)巧施油菜花肥。

4.4 月

冬小麦:全省处于拔节至抽穗开花期。

油菜:全省处于开花至结荚期。

·适宜的气象条件

(1)小麦拔节至孕穗期适宜温度为 12～16 ℃,抽穗开花期以天气晴朗、日照充足,日平均气温在 18～22 ℃,微风、风力在 3 级左右,空气相对湿度为 60%～80%,短期过程性降水、土壤相对湿度 75%～85%为宜。

(2)日平均气温在 14～18 ℃、晚上最低温度 1～2 ℃,为油菜开花的适宜温度。

(3)油菜开花期晴天微风,有利于蜜蜂传粉,能提高结实率。

(4)角果成熟期以气温 16～20 ℃、土壤相对湿度 60%～80%、日照充足、气温日较差大为宜。

(5)土壤相对湿度在 70%～80%为宜。

·不利的气象条件

(1)最低气温低于 2 ℃会发生冻害。

(2)气温高于 30 ℃油菜易花粉败育;低于 10 ℃开花数减少,低于 5 ℃花蕾多数不能开放,已开花朵授粉困难,易形成阴角。

(3)连阴雨、空气相对湿度高于 90%或低于 60%、大风、大雨常造成油菜落花或荫荚。

·主要气象灾害

(1)春霜冻害。

(2)淮北干旱。

(3)淮河以南湿渍害。

·防御对策及农事建议

(1)重施小麦穗肥,促进壮杆大穗;巧施油菜花肥;提前喷药,药肥混喷,做好赤霉病防治工作。

(2)淮北春季常缺水,应以补水抗旱为主;淮河以南春季多雨,应及时清沟排明水、滤暗水,保证雨止田干,促使土壤空气充足,根系活力加强,减轻病害。

(3)下旬做好水稻旱育秧床整地培肥工作。

5.5 月

冬小麦:淮北处于抽穗开花至灌浆成熟期,淮河以南处于灌浆成熟期。

油菜:全省处于角果成熟期。

水稻:全省处于播种至出苗期。

· 适宜的气象条件

(1)小麦抽穗开花期以天气晴朗、日照充足,日平均气温在18~22 ℃,微风、风力在3级左右,空气相对湿度为60%~80%,短期过程性降水、土壤相对湿度75%~85%为宜。

(2)灌浆期适宜气温在20~25 ℃,以晴天日照充足,气温日较差大为宜。

(3)油菜角果成熟期以气温16~20 ℃、土壤相对湿度60%~80%、日照充足、气温日较差大为宜。

(4)水稻播种至出苗期适宜气温为18~25 ℃,阴天有利于水稻栽插活棵。

· 不利的气象条件

(1)气温低于10 ℃延迟小麦抽穗开花,高于30℃影响开花。

(2)最高气温高于33 ℃,空气相对湿度低于30%,2~3级偏南风的干热天气影响灌浆速度,严重时会提前结束灌浆进程。

(3)连续3 d以上气温低于18 ℃并有阴雨天气易僵苗不发。

(4)肥床旱育秧田高温易苗;抛秧前大雨,土壤易板结,不仅秧苗难拔,而且拔后不易自然分棵。

(5)移栽后高温、日照强易引起秧苗萎蔫,返青迟缓。

(6)晴好天气有利于油菜收获。

· 主要气象灾害

(1)淮北及江淮之间北部干热风。

(2)江淮之间南部及苏南高温逼熟。

(3)暴雨。

(4)连阴雨。

(5)大雨、大风、冰雹。

· 防御对策及农事建议

(1)改善麦田小气候环境。

(2)进入灌浆期的麦田,管理重点是养根保叶,保持根系强大的活力,延长上部3张叶片的功能期,达到粒饱粒重的要求。

(3)积极推广水稻肥床旱育稀植、塑盘抛秧新技术。抓住冷尾暖头抢晴播种,旱地育秧播种量要适宜,早施基肥,浇足底水,覆膜保湿;三叶期后,严防阴雨天苗床积水,严格控制浇水,以确保旱秧生理优势。

(4)油菜、小麦成熟后适时收获,防止暴雨、冰雹等灾害性天气危害。

6.6月

小麦:全省处于收获期。

水稻:全省处于三叶至移栽返青期。

玉米和大豆:播种至出苗期。

·适宜的气象条件

(1)晴天有利于小麦收获。

(2)水稻苗期适宜温度为 18～24 ℃;阴天有利于水稻栽插活棵,抛秧苗易立苗;水稻返青期以气温在 23 ℃左右为宜。

(3)日平均气温 20～30 ℃、10 cm 土壤相对湿度 70%～85%适宜玉米播种出苗。

(4)适宜日平均气温 20～22 ℃、10 cm 土壤相对湿度 70%～80%适宜大豆播种出苗。

·不利的气象条件

(1)气温低于 19 ℃或高于 30 ℃现蕾速度减慢。

(2)连续 3 d 以上气温低于 18 ℃,并有阴雨天气水稻易僵苗不发。

(3)高温天气,肥床旱育秧易烧苗。

(4)遇干旱水稻移栽用水短缺,淮北地区尤重。

(5)水稻抛秧前大雨,土壤易板结,不仅秧苗难拔,而且拔后不易自然分棵,抛秧后 3 d 遇大雨,影响秧苗扎根。

(6)移栽后高温、日照强易引起秧苗萎蔫,返青迟缓。

(7)6 月中下旬土壤相对湿度小于 60%,缺墒干旱,影响玉米出苗;阴雨寡照,土壤相对湿度大于 85%,则玉米发芽不良。

(8)6 月中下旬日平均气温低于 8 ℃或高于 33 ℃、土壤相对湿度大于 85%或低于 60%,影响大豆种子发芽。

·主要气象灾害

(1)淮北干旱。

(2)淮河以南连阴雨。

(3)高温。

(4)大雨、大风、冰雹。

(5)淮河以南梅雨过长、梅雨量过大。

·防御对策及农事建议

(1)月初根据天气预报,不失时机地抢收成熟麦子,争取颗粒归仓。

(2)月初做好水稻移栽前的准备工作,中旬起适时抢早移栽,抛秧时注意田间保持花皮水,并要加强化学除草力度,力争在月底栽完。

(3)移栽后遇大雨、暴雨时灌汲深水护秧,雨后及时排除过多积水。

(4)重施大田基肥。

7.7 月

水稻:长江以北地区处于分蘖至拔节期;苏南地区处于分蘖期。

玉米:幼苗至拔节期至小喇叭口期。

大豆:第三真叶期至分枝期。

· 适宜的气象条件

(1)和风晴朗天气对棉花开花授粉有利;以日平均气温在25～30 ℃,气温日较差大,土壤相对湿度在70%～80%为宜。

(2)水稻分蘖期适宜气温在25～30 ℃,拔节期适宜气温25～32 ℃光照充足、雨量适中,以过程性降水为好。

(3)日平均气温20～26 ℃、土壤相对湿度60%～70%、蹲苗时土壤相对湿度55%～60%,为玉米幼苗期适宜气象条件。

(4)日平均气温18～22 ℃、土壤相对湿度60%～70%、光照充足,为大豆第三真叶期适宜气象条件。

· 不利的气象条件

(1)连阴雨、光照不足,影响水稻光合作用效率和强度,穗形变小。

(2)干旱缺水灌溉、雨涝不能及时排放易导致水稻穗粒数减少。

(3)气温低于15 ℃影响水稻分蘖和发根,高于36 ℃,分蘖减慢。

(4)日最高气温高于40 ℃时,玉米茎叶生长受抑,土壤相对湿度低于60%或大于90%,不利于玉米生长。

(5)日最低气温低于14℃,生长发育受阻;土壤相对湿度低于60%,缺墒干旱,土壤相对湿度大于90%时为过湿,均不利于分枝和花芽形成。

· 主要气象灾害

(1)淮北干旱。

(2)淮河以南梅雨过长、梅雨量过大。

(3)淮河以南连阴雨、大到暴雨、洪涝。

(4)气温偏低。

(5)高温热害。

· 防御对策及农事建议

(1)雨季突出清沟理墒,保证墒墒通沟,沟沟通河,达到雨止田干,保证旱能灌,涝能排。

(2)稻田重施分蘖肥,浅水(0.5～1寸①)勤灌,以水调温,分蘖后期要适时搁田,尤其是抛秧田,够苗(穗数苗80%)后至拔节前要反复断水烤田,控制高峰苗。

(3)施平衡肥,培育壮苗。因渍涝胁迫造成黄弱苗的田块,首先做好田间排涝降渍;根据苗势增施氮肥、喷施叶面肥或生长调节剂,促玉米尽快恢复生长。

(4)防抗热害,减少损失。梅雨之后是玉米大豆高温热害的高发季节。坚持"以水调温、叶面喷施、防止早衰"的技术路线,增强玉米大豆的抗高温能力;结合天气预报及时补水缓解胁迫,避免高温和干旱交叉胁迫。

---

① 1寸=1/30 m,下同。

(5)注意病虫害的防治。玉米拔节期注意防治鳞翅目和刺吸式害虫;玉米喇叭口期,注意防治叶斑类病害及玉米螟、棉铃虫、草地贪夜蛾及其他鳞翅目害虫。

8.8 月

水稻:淮北、江淮是拔节至抽穗开花期;江南是分蘖至抽穗开花期。

玉米:抽雄至乳熟期。

大豆:开花至结荚期。

· 适宜的气象条件

(1)水稻拔节孕穗期适宜气温 25～32 ℃,光温充足、雨量适中,以过程性降水为好;开花期以光温充足,晴朗微风为好。

(2)日平均气温 25～26 ℃,空气相对湿度 70%～90%,土壤相对湿度 70%～80%,每日光照 8～12 h,有利于玉米抽雄开花;日平均气温 22～24 ℃,土壤相对湿度 70%～80%,光照条件每日 7～10 h,适宜玉米乳熟。

(3)日平均气温 25～28 ℃,空气相对湿度 70%～80%,土壤相对湿度 70%～85%,有利于大豆开花;日平均气温 20～23 ℃,土壤相对湿度 80%～90%,有利于大豆结荚。

· 不利的气象条件

(1)气温高于 35 ℃并连续 3 d 以上,水稻花丝易干枯;低于 18℃抽穗期延迟,不实率加大。

(2)阴雨寡照(空气湿度高于 90%),大风干旱(空气湿度低于 50%),影响水稻光合作用效率和强度,穗形变小不利于水稻开花结实。

(3)日最高气温高于 38 ℃或日平均气温低于 18 ℃,玉米花粉不能开裂散粉,日最高气温高于 35 ℃,空气相对湿度低于 50%,易空穗或秃顶,空气相对湿度低于 30%或高于 95%时,玉米花粉丧失活力,土壤相对湿度低于 60%时干旱缺墒,不利于玉米开花授粉;日平均气温降至 16 ℃以下,灌浆停止,日最高气温高于 35 ℃,易造成玉米高温逼熟,持续阴雨寡照天气不利于灌浆成熟。

(4)日平均日照时数超过 12 h 或低于 5 h,影响大豆开花,土壤相对湿度高于 85%或低于 70%,大豆开花结荚数减少;日平均气温高于 30 ℃,植株过分蒸腾,易出现空秕荚,土壤相对湿度不足 70%,对大豆鼓粒初期影响较大。

· 主要气象灾害

(1)高温热害、干旱。

(2)大雨、暴雨、洪涝、多雨寡照。

(3)台风。

· 防御对策及农事建议

(1)稻田加深水层,保证水层厚 2～3 寸,控制水温;追施穗肥,提高结实率。

(2)水稻抽穗扬花期水层管理应干干湿湿,即排水稻 2 d 后再灌水,2～3 d 后再排水；水稻扬花以后，要浅水勤灌，日灌夜排，适时落干，防止断水过早，以便促进根系健壮，防止早衰。

(3)注意收听天气预报，尽量减少台风、暴雨等灾害性天气影响。

(4)干旱少雨天气，应合理调配水资源，努力抗旱保丰收。

(5)开花结荚期是大豆生育最旺盛的时期，是需要水分和养料最多的时期，同时需要充足的光照。在前期苗全、苗壮、分枝多的基础上，花期应加强肥水管理，并使通透良好，以达到花多、荚多、粒多和减少花荚脱落的要求。

(6)防治病虫害。

9.9月

水稻：抽穗开花至灌浆期。

玉米：乳熟至成熟期。

大豆：结荚至成熟期。

油菜：淮北播种期。

· 适宜的气象条件

(1)水稻抽穗开花期以晴朗微风、气温 25～32 ℃、空气相对湿度 70%～80%为宜；水稻灌浆期以气温 20～23 ℃，温差大天气晴好为宜。

(2)日平均气温 22～24 ℃、土壤相对湿度 70%～80%、光照每日 7～10 h，有利于玉米乳熟；晴到多云天气，日平均日照时数为 7～10 h、土壤相对湿度小于 90%、空气适当干燥，有利于玉米成熟。

(3)日平均气温 20～23 ℃、土壤相对湿度 80%～90%，有利于大豆结荚；日平均气温 20 ℃、土壤相对湿度 50%～60%，天气晴朗，有利于大豆成熟。

(4)油菜播种期以气温 20～25 ℃、土壤相对湿度 70%～80%为宜。

· 不利的气象条件

(1)水稻抽穗开花期气温高于 35 ℃并连续 3 d 以上花丝干旱(空气湿度低于 50%)，易干枯；低于 18 ℃抽穗期延迟，不实率加大；阴雨寡照(空气湿度高于 90%)，大风不利于开花结实。

(2)水稻灌浆期高温干旱，温差小，易造成水稻早衰，千粒重下降；日平均气温低于 15 ℃，灌浆则近于停止；阴雨寡照，影响籽粒饱满，延迟成熟，易倒伏。

(3)日平均气温降至 16 ℃以下，灌浆停止，日最高气温高于 35 ℃，易造成玉米高温逼熟，持续阴雨寡照天气不利于灌浆成熟；3 d 以上的连阴雨天气，不利于收获晾晒，易造成玉米霉变、粉粒。

(4)日平均气温高于 30 ℃，植株过分蒸腾，易出现空秕荚，土壤相对湿度不足 70%，对大豆鼓粒初期影响较大；低温阴雨寡照，会延缓大豆成熟。

(5)油菜播种期干旱缺水易出苗不齐、不全；移栽后生长缓慢，苗小叶少，冬前不能发棵，抗寒能力弱，甚至出现红叶和早苔早花现象；长期阴雨寡照易烂种烂苗。

· 主要气象灾害

(1)秋季低温连阴雨。

(2)淮北干旱。

(3)初霜冻害。

(4)台风。

(5)大风、暴雨。

· 防御对策及农事建议

(1)水稻抽穗扬花期水层管理应干干湿湿，即排水稻 2 d 后再灌水，2～3 d 后再排水；水稻扬花以后，要浅水勤灌，日灌夜排，适时落干，防止断水过早，以便促进根系健壮，防止早衰；到乳熟后期可排干，成熟时力求田面干燥，以利成熟后收获。

(2)注意台风等危险性天气影响，尽量将损失控制在最低限度内。

(3)已播油菜加强管理，力争壮苗全苗；选优质品种，适时播种。

10. 10 月

水稻：收获期。

油菜：播种至出苗期(下旬淮北及江淮之间移栽期)。

冬小麦：播种至出苗期。

· 适宜的气象条件

(1)晴朗微风，空气相对湿度较低的天气利于棉花吐絮，且以日平均气温在 20～30 ℃，土壤相对湿度在 70%～80%为宜。

(2)油菜播种至苗期以气温 20～25 ℃、土壤相对湿度 70%～80%为宜。

(3)小麦播种适宜气温在 15～16 ℃，播种前有一两场透雨为好。

· 不利的气象条件

(1)连阴雨影响水稻收获。

(2)油菜播种期干旱缺水易出苗不齐、不全；苗小叶少，冬前不能发棵，抗寒能力弱，甚至出现红叶和早苔早花现象；长期阴雨寡照易烂种烂苗。

(3)连阴雨导致田间湿度大、干旱天气导致土壤失墒，均不利于油菜移栽。

(4)连阴雨易形成小麦烂耕烂种、土壤相对湿度低于 50%不易出苗。

· 主要气象灾害

(1)秋季连阴雨。

(2)初霜冻害。

(3)干旱。

(4)台风、暴雨。

· 防御对策及农事建议

(1)成熟水稻及时收获，晾晒入仓。

(2)淮北、江淮加强油菜田间管理，雨量不足时及时补水抗旱；雨量过多，采取各项措施降低田间湿度。中旬以前油菜未播地区抢晴播种，力争全苗；油菜抓住冷尾暖头抢晴早栽，早施苗肥。

(3)根据茬口情况，抢晴播种小麦，力争全苗壮苗。

11.11月

油菜：移栽至冬前苗期。

冬小麦：播种至分蘖期。

· 适宜的气象条件

(1)阴天有利于油菜移栽活棵。

(2)日平均气温在12～18 ℃、土壤相对湿度70%～80%，热量适宜，雨水充沛，利于油菜壮苗和小麦分蘖形成壮苗。

· 不利的气象条件

(1)连阴雨、干旱天气不利于油菜移栽。

(2)土壤相对湿度低于40%时，幼苗易受旱致死；气温过低于或急剧下降，易受冻害；多雨少日照，不利于幼苗生长。

(3)气温低于3 ℃、土壤相对湿度低于50%时分蘖下降。

· 主要气象灾害

(1)干旱、雨涝。

(2)初霜冻害。

(3)连阴雨。

· 防御对策及农事建议

(1)上旬底前油菜抓冷尾暖头抢晴早栽，早施苗肥。淮北及江淮地区，小麦可抢晴播种。

(2)上旬底全省基本完成麦子播种工作。

(3)早施苗肥，抓住适宜墒情及早化除、化控和开沟覆土，确保早苗、全苗、壮苗。

(4)高标准、高质量开挖配套田间一套沟，通过提高沟系水平提高作物自身的抗灾能力。

12.12月

冬小麦：淮北处于越冬期；江淮之间冬前苗期至越冬期；苏南冬前苗期。

油菜：淮北处于越冬期；江淮之间冬前苗期至越冬期；苏南冬前苗期。

· 适宜的气象条件

(1)日平均气温在12～18 ℃、土壤相对湿度70%～80%，热量适宜，雨水充沛，利于油菜壮苗和小麦分蘖形成壮苗。

(2)气温稳定通过0 ℃以下进入越冬期。

(3)气温在0 ℃以上，土壤相对湿度在60%～80%为宜。

·不利的气象条件

(1)土壤相对湿度低于40%时，幼苗易受旱致死；气温过低或急剧下降，易受冻害；多雨少日照，不利于幼苗生长。

(2)气温低于3 ℃、土壤相对湿度低于50%时分蘖下降。

(3)强寒潮袭击易受冻害。

(4)冬雨过多，土壤过湿，不利于根系生长。

(5)最低气温低于−5 ℃，受冻害；低于−8 ℃，受冻害较重；低于−10 ℃，严重受冻，并有冻死的可能。

·主要气象灾害

(1)冻害。

(2)淮北干旱。

(3)连阴雨雪。

·防御对策及农事建议

(1)追施腊肥，覆盖农家肥，以确保有足够的冬前分蘖和冬季早蘖成穗。

越冬前后抓住冷尾暖头，日平均气温5～8 ℃的有利天气，选用高效安全除草剂进行化学除草，纹枯病发生重且有蔓延趋势的田块及早泼药防治，为来年春季控制病草为害提供保障。

(2)对僵苗不发、草害、旺长等非正常田块，要组织发动农村冬闲劳力，进行培土壅根、中耕松土、人工除草、拍麦镇压等田间管理。

(3)合理灌水，减少地温变幅。

第 6 章　江苏省大宗农作物全生育期内农业气候资源

6.1　冬小麦全生育期内光温水资源

江苏省各主产市冬小麦生育期农业气候资源见表 6.1。

表 6.1　江苏省各主产市冬小麦全生育期农业气候资源

主产区	≥0 ℃积温(℃·d)	总降水量(mm)	总日照时数(h)
徐州	2568.0	284.2	1478.9
连云港	2499.7	301.6	1529.4
宿迁	2583.9	341.7	1407.6
淮安	2654.7	382.3	1409.6
盐城	2170.2	351.6	1318.7
扬州	2432.0	440.5	1229.9
泰州	2432.6	463.4	1221.9
南通	2427.4	482.1	1186.9
南京	2207.9	475.0	1066.5
镇江	2136.9	459.6	1095.6
常州	2237.4	507.8	1048.4
无锡	2256.4	531.3	1049.1
苏州	2271.8	516.7	1009.8

注:1991—2020 年气候平均值,下同。

6.2　油菜全生育期内光温水资源

江苏省各主产市油菜生育期农业气候资源见表 6.2。

表 6.2　江苏省各主产市油菜全生育期农业气候资源

主产区	≥0 ℃积温(℃·d)	总降水量(mm)	总日照时数(h)
淮安	2585.9	377.0	1403.5
盐城	2508.9	377.7	1438.9

续表

主产区	≥0 ℃积温(℃·d)	总降水量(mm)	总日照时数(h)
扬州	2780.0	460.1	1346.2
泰州	2788.0	488.7	1339.8
南通	2796.4	508.2	1306.2
南京	2893.3	539.4	1262.7
镇江	2816.6	526.0	1295.6
常州	2930.6	579.6	1245.8
无锡	2958.6	610.2	1241.3
苏州	2982.2	592.9	1201.1

6.3 水稻全生育期内光温水资源

江苏省各主产市水稻生育期农业气候资源见表 6.3。

表 6.3 江苏省各主产市水稻全生育期农业气候资源

主产区	≥0 ℃积温(℃·d)	总降水量(mm)	总日照时数(h)
徐州	3840.5	627.9	980.3
连云港	3784.6	685.8	996.4
宿迁	3824.6	691.7	913.1
淮安	3839.3	713.2	930.8
盐城	3795.1	717.0	983.1
扬州	3946.8	713.5	937.0
泰州	3932.5	722.5	963.7
南通	3884.8	746.3	948.4
南京	4312.0	749.5	1061.8
镇江	4250.0	733.2	1046.6
常州	4328.2	757.7	1047.5
无锡	4335.8	810.5	1018.2
苏州	4328.6	752.8	1020.1

6.4 玉米全生育期内光温水资源

江苏省各主产市玉米生育期农业气候资源见表 6.4。

表 6.4　江苏省各主产市玉米全生育期农业气候资源

主产区	≥0 ℃积温(℃·d)	总降水量(mm)	总日照时数(h)
徐州	2813.0	545.9	676.0
连云港	2782.3	597.9	684.6
宿迁	2806.2	597.3	631.1
淮安	2816.5	611.6	649.2
盐城	2796.4	610.6	659.4
扬州	2891.2	586.6	638.7
泰州	2886.9	590.2	661.8
南通	2862.5	608.1	653.5

6.5　大豆全生育期内光温水资源

江苏省各主产市大豆生育期农业气候资源见表 6.5。

表 6.5　江苏省各主产市大豆全生育期农业气候资源

主产区	≥0 ℃积温(℃·d)	总降水量(mm)	总日照时数(h)
徐州	2995.0	560.1	735.9
连云港	2968.6	611.3	747.8
宿迁	2989.7	614.8	689.8
淮安	3002.9	630.7	710.2
盐城	2983.1	630.5	721.6
扬州	3085.1	608.0	696.5
泰州	3081.7	615.8	719.9
南通	3058.6	636.8	710.4

6.6　1991—2020 年光温水气候平均值

1991—2020 年江苏全省、淮北地区、江淮之间、苏南地区旬气候平均值分别见表 6.6—表 6.9；徐州、连云港、宿迁、淮安、盐城、扬州、泰州、南通、南京、镇江、常州、无锡、苏州地区旬气候平均值分别见表 6.10—表 6.22。

表 6.6　1991—2020 年江苏全省旬气候平均值

月份	旬	平均气温（℃）	降水量（mm）	日照时数（h）	月份	旬	平均气温（℃）	降水量（mm）	日照时数（h）
1月	上旬	2.8	15	43	7月	上旬	26.6	90	49
	中旬	2.3	15	41		中旬	27.6	68	55
	下旬	2.2	13	51		下旬	28.9	49	81
2月	上旬	3.1	10	48	8月	上旬	28.5	63	68
	中旬	4.7	19	48		中旬	27.4	55	62
	下旬	6.2	15	43		下旬	26.1	59	62
3月	上旬	7.3	18	52	9月	上旬	24.7	31	60
	中旬	9.4	22	53		中旬	23.1	33	55
	下旬	10.7	23	60		下旬	21.4	24	59
4月	上旬	13.2	19	61	10月	上旬	19.4	23	58
	中旬	15.1	21	62		中旬	17.8	11	56
	下旬	17.2	22	66		下旬	15.6	17	59
5月	上旬	19.1	27	65	11月	上旬	13.7	16	55
	中旬	20.4	26	65		中旬	10.9	15	47
	下旬	22.0	29	69		下旬	8.8	18	45
6月	上旬	23.3	35	57	12月	上旬	6.3	12	47
	中旬	24.6	44	58		中旬	4.5	9	47
	下旬	25.3	82	44		下旬	3.6	11	51

表 6.7　1991—2020 年江苏省淮北地区旬气候平均值

月份	旬	平均气温（℃）	降水量（mm）	日照时数（h）	月份	旬	平均气温（℃）	降水量（mm）	日照时数（h）
1月	上旬	1.1	10	45	4月	上旬	12.9	13	66
	中旬	0.5	5	45		中旬	15.0	16	70
	下旬	0.8	5	55		下旬	17.1	16	72
2月	上旬	1.9	5	51	5月	上旬	19.0	25	71
	中旬	3.7	10	52		中旬	20.1	22	71
	下旬	5.2	9	47		下旬	22.0	23	76
3月	上旬	6.5	12	58	6月	上旬	23.6	20	64
	中旬	8.9	13	58		中旬	24.9	32	66
	下旬	10.4	10	69		下旬	25.5	62	56

续表

月份	旬	平均气温（℃）	降水量（mm）	日照时数（h）	月份	旬	平均气温（℃）	降水量（mm）	日照时数（h）
7 月	上旬	26.4	73	55	10 月	上旬	18.3	15	60
	中旬	26.9	76	51		中旬	16.7	12	57
	下旬	28.1	66	72		下旬	14.2	11	62
8 月	上旬	27.7	66	62	11 月	上旬	12.1	14	57
	中旬	26.7	53	58		中旬	9.0	11	50
	下旬	25.2	62	62		下旬	6.9	11	46
9 月	上旬	23.8	35	60	12 月	上旬	4.4	9	48
	中旬	22.2	29	57		中旬	2.7	3	48
	下旬	20.5	18	62		下旬	1.8	7	54

表 6.8　1991—2020 年江苏省江淮之间旬气候平均值

月份	旬	平均气温（℃）	降水量（mm）	日照时数（h）	月份	旬	平均气温（℃）	降水量（mm）	日照时数（h）
1 月	上旬	2.9	15	44	7 月	上旬	26.3	95	46
	中旬	2.3	14	42		中旬	27.4	66	55
	下旬	2.2	12	52		下旬	28.6	48	82
2 月	上旬	3.0	10	48	8 月	上旬	28.3	63	69
	中旬	4.5	18	49		中旬	27.2	57	64
	下旬	5.9	13	44		下旬	26.0	63	63
3 月	上旬	7.0	18	53	9 月	上旬	24.6	32	61
	中旬	9.0	22	54		中旬	23.0	34	56
	下旬	10.3	22	60		下旬	21.3	24	59
4 月	上旬	12.7	18	62	10 月	上旬	19.3	23	59
	中旬	14.6	20	63		中旬	17.7	11	58
	下旬	16.8	22	66		下旬	15.5	18	60
5 月	上旬	18.6	27	65	11 月	上旬	13.7	18	55
	中旬	19.9	24	65		中旬	11.0	16	48
	下旬	21.6	29	69		下旬	8.9	18	45
6 月	上旬	22.9	34	57	12 月	上旬	6.4	13	47
	中旬	24.1	41	58		中旬	4.5	9	48
	下旬	25.0	83	43		下旬	3.6	11	52

表 6.9　1991—2020 年江苏省苏南地区旬气候平均值

月份	旬	平均气温（℃）	降水量（mm）	日照时数（h）	月份	旬	平均气温（℃）	降水量（mm）	日照时数（h）
1 月	上旬	4.0	19	39	7 月	上旬	27.3	92	47
	中旬	3.5	23	35		中旬	28.4	63	60
	下旬	3.3	20	47		下旬	29.8	39	87
2 月	上旬	4.2	15	45	8 月	上旬	29.3	62	71
	中旬	5.7	26	44		中旬	28.2	53	63
	下旬	7.1	22	37		下旬	27.0	53	62
3 月	上旬	8.3	24	47	9 月	上旬	25.6	27	59
	中旬	10.2	29	46		中旬	23.9	35	52
	下旬	11.5	33	53		下旬	22.2	29	55
4 月	上旬	14.0	27	56	10 月	上旬	20.1	29	55
	中旬	15.9	28	55		中旬	18.6	11	54
	下旬	18.0	28	61		下旬	16.5	21	57
5 月	上旬	19.9	30	60	11 月	上旬	14.7	17	53
	中旬	21.1	33	59		中旬	12.0	18	45
	下旬	22.6	33	63		下旬	9.9	22	42
6 月	上旬	23.7	48	51	12 月	上旬	7.5	14	44
	中旬	24.9	60	52		中旬	5.6	14	43
	下旬	25.7	96	39		下旬	4.8	14	48

表 6.10　1991—2020 年徐州地区旬气候平均值

月份	旬	平均气温（℃）	降水量（mm）	日照时数（h）	月份	旬	平均气温（℃）	降水量（mm）	日照时数（h）
1 月	上旬	0.9	8	44	4 月	上旬	13.4	11	68
	中旬	0.5	5	44		中旬	15.4	15	71
	下旬	0.8	4	55		下旬	17.5	15	73
2 月	上旬	2.0	4	51	5 月	上旬	19.4	25	72
	中旬	3.8	9	52		中旬	20.5	21	73
	下旬	5.5	10	47		下旬	22.5	21	78
3 月	上旬	6.8	12	60	6 月	上旬	24.1	18	67
	中旬	9.3	11	58		中旬	25.4	32	69
	下旬	10.9	9	71		下旬	25.9	58	60

续表

月份	旬	平均气温（℃）	降水量（mm）	日照时数（h）	月份	旬	平均气温（℃）	降水量（mm）	日照时数（h）
7 月	上旬	26.8	64	59	10 月	上旬	18.3	14	59
	中旬	27.0	82	53		中旬	16.6	12	56
	下旬	28.2	65	72		下旬	14.0	11	61
8 月	上旬	27.8	60	61	11 月	上旬	11.9	13	57
	中旬	26.7	55	59		中旬	8.7	11	50
	下旬	25.1	57	63		下旬	6.6	11	45
9 月	上旬	23.8	30	60	12 月	上旬	4.2	8	47
	中旬	22.2	27	56		中旬	2.5	3	47
	下旬	20.5	16	62		下旬	1.6	6	53

表 6.11 1991—2020 年连云港地区旬气候平均值

月份	旬	平均气温（℃）	降水量（mm）	日照时数（h）	月份	旬	平均气温（℃）	降水量（mm）	日照时数（h）
1 月	上旬	1.3	10	47	7 月	上旬	25.9	81	56
	中旬	0.6	4	48		中旬	26.6	82	52
	下旬	0.8	5	58		下旬	27.8	64	73
2 月	上旬	1.6	5	53	8 月	上旬	27.6	72	64
	中旬	3.3	11	55		中旬	26.6	56	60
	下旬	4.7	8	49		下旬	25.2	69	65
3 月	上旬	6.0	12	60	9 月	上旬	24.0	35	63
	中旬	8.2	13	61		中旬	22.4	32	60
	下旬	9.7	10	72		下旬	20.7	20	64
4 月	上旬	12.1	13	68	10 月	上旬	18.6	13	63
	中旬	14.3	16	72		中旬	17.0	12	61
	下旬	16.4	16	74		下旬	14.5	10	64
5 月	上旬	18.3	23	74	11 月	上旬	12.5	15	59
	中旬	19.5	21	74		中旬	9.5	12	51
	下旬	21.4	25	79		下旬	7.2	11	48
6 月	上旬	22.6	20	66	12 月	上旬	4.7	11	50
	中旬	24.0	28	66		中旬	3.0	3	51
	下旬	24.9	59	56		下旬	2.0	6	55

表 6.12　1991—2020 年宿迁地区旬气候平均值

月份	旬	平均气温(℃)	降水量(mm)	日照时数(h)	月份	旬	平均气温(℃)	降水量(mm)	日照时数(h)
1月	上旬	1.5	11	45	7月	上旬	26.4	86	50
	中旬	0.9	7	44		中旬	27.1	63	49
	下旬	1.1	6	53		下旬	28.3	70	71
2月	上旬	2.2	6	49	8月	上旬	27.9	67	61
	中旬	4.0	12	50		中旬	26.8	50	57
	下旬	5.6	10	45		下旬	25.3	60	58
3月	上旬	6.8	14	55	9月	上旬	23.9	41	56
	中旬	9.2	15	57		中旬	22.3	30	55
	下旬	10.6	12	64		下旬	20.6	19	60
4月	上旬	13.1	15	63	10月	上旬	18.5	18	59
	中旬	15.1	17	66		中旬	16.9	12	55
	下旬	17.3	16	69		下旬	14.4	13	60
5月	上旬	19.2	26	68	11月	上旬	12.5	14	55
	中旬	20.2	22	67		中旬	9.4	12	49
	下旬	22.1	25	72		下旬	7.4	13	45
6月	上旬	23.7	22	59	12月	上旬	4.9	10	48
	中旬	24.9	37	62		中旬	3.1	4	48
	下旬	25.5	73	51		下旬	2.2	8	52

表 6.13　1991—2020 年淮安地区旬气候平均值

月份	旬	平均气温(℃)	降水量(mm)	日照时数(h)	月份	旬	平均气温(℃)	降水量(mm)	日照时数(h)
1月	上旬	2.1	12	45	4月	上旬	13.0	16	63
	中旬	1.5	10	44		中旬	15.0	16	65
	下旬	1.6	8	54		下旬	17.1	18	67
2月	上旬	2.5	9	49	5月	上旬	19.0	27	66
	中旬	4.2	15	50		中旬	20.1	20	65
	下旬	5.8	11	45		下旬	21.9	25	70
3月	上旬	6.9	17	53	6月	上旬	23.3	29	57
	中旬	9.1	17	55		中旬	24.5	34	61
	下旬	10.5	17	63		下旬	25.2	81	47

续表

月份	旬	平均气温(℃)	降水量(mm)	日照时数(h)	月份	旬	平均气温(℃)	降水量(mm)	日照时数(h)
7月	上旬	26.3	105	48	10月	上旬	18.7	19	61
	中旬	27.1	64	52		中旬	17.1	12	57
	下旬	28.4	59	77		下旬	14.7	17	61
8月	上旬	28.0	63	64	11月	上旬	12.9	18	57
	中旬	26.8	54	61		中旬	10.0	13	49
	下旬	25.4	70	61		下旬	7.9	15	46
9月	上旬	24.0	34	58	12月	上旬	5.5	11	48
	中旬	22.5	27	57		中旬	3.7	6	48
	下旬	20.8	21	61		下旬	2.7	9	54

表 6.14　1991—2020 年盐城地区旬气候平均值

月份	旬	平均气温(℃)	降水量(mm)	日照时数(h)	月份	旬	平均气温(℃)	降水量(mm)	日照时数(h)
1月	上旬	2.1	12	46	7月	上旬	25.9	101	47
	中旬	1.6	9	46		中旬	26.9	70	52
	下旬	1.5	8	55		下旬	28.2	55	77
2月	上旬	2.2	8	50	8月	上旬	28.0	67	67
	中旬	3.8	14	53		中旬	26.8	64	62
	下旬	5.2	10	47		下旬	25.6	61	63
3月	上旬	6.2	16	56	9月	上旬	24.1	36	61
	中旬	8.3	18	58		中旬	22.6	29	59
	下旬	9.6	16	64		下旬	20.8	21	61
4月	上旬	12.0	14	65	10月	上旬	18.8	20	62
	中旬	14.0	17	67		中旬	17.2	11	59
	下旬	16.2	19	70		下旬	14.9	15	62
5月	上旬	18.1	26	68	11月	上旬	13.0	20	57
	中旬	19.4	22	68		中旬	10.3	15	49
	下旬	21.1	26	73		下旬	8.1	16	47
6月	上旬	22.5	27	62	12月	上旬	5.6	13	49
	中旬	23.8	35	61		中旬	3.7	6	50
	下旬	24.8	72	47		下旬	2.8	9	53

表 6.15　1991—2020 年扬州地区旬气候平均值

月份	旬	平均气温（℃）	降水量（mm）	日照时数（h）	月份	旬	平均气温（℃）	降水量（mm）	日照时数（h）
1月	上旬	3.0	16	43	7月	上旬	26.9	106	46
	中旬	2.4	15	41		中旬	27.9	67	53
	下旬	2.4	13	52		下旬	29.3	46	81
2月	上旬	3.3	11	47	8月	上旬	28.8	62	68
	中旬	4.9	20	48		中旬	27.7	56	62
	下旬	6.5	13	42		下旬	26.3	53	60
3月	上旬	7.7	19	51	9月	上旬	24.9	27	58
	中旬	9.8	24	53		中旬	23.2	28	53
	下旬	11.1	26	60		下旬	21.6	22	57
4月	上旬	13.6	19	61	10月	上旬	19.6	21	58
	中旬	15.6	21	61		中旬	18.0	13	55
	下旬	17.7	23	65		下旬	15.6	18	59
5月	上旬	19.6	29	63	11月	上旬	13.9	17	56
	中旬	20.9	26	63		中旬	11.0	15	48
	下旬	22.6	27	67		下旬	8.9	19	45
6月	上旬	23.8	39	54	12月	上旬	6.4	13	47
	中旬	25.0	39	58		中旬	4.5	9	47
	下旬	25.6	81	42		下旬	3.7	12	51

表 6.16　1991—2020 年泰州地区旬气候平均值

月份	旬	平均气温（℃）	降水量（mm）	日照时数（h）	月份	旬	平均气温（℃）	降水量（mm）	日照时数（h）
1月	上旬	3.4	16	42	4月	上旬	13.3	20	60
	中旬	2.9	17	40		中旬	15.2	22	60
	下旬	2.7	15	51		下旬	17.4	25	66
2月	上旬	3.6	11	47	5月	上旬	19.2	31	64
	中旬	5.1	22	48		中旬	20.6	27	64
	下旬	6.5	14	43		下旬	22.3	30	67
3月	上旬	7.6	19	51	6月	上旬	23.5	39	55
	中旬	9.6	26	52		中旬	24.7	44	58
	下旬	10.8	28	58		下旬	25.4	89	40

续表

月份	旬	平均气温（℃）	降水量（mm）	日照时数（h）	月份	旬	平均气温（℃）	降水量（mm）	日照时数（h）
7 月	上旬	26.8	93	47	10 月	上旬	19.9	26	58
	中旬	27.9	70	57		中旬	18.3	11	57
	下旬	29.2	40	86		下旬	16.1	19	59
8 月	上旬	28.8	59	71	11 月	上旬	14.4	17	55
	中旬	27.7	52	65		中旬	11.6	16	48
	下旬	26.5	57	64		下旬	9.5	20	45
9 月	上旬	25.2	28	61	12 月	上旬	7.0	13	46
	中旬	23.5	32	55		中旬	5.1	10	46
	下旬	21.8	26	59		下旬	4.2	12	51

表 6.17　1991—2020 年南通地区旬气候平均值

月份	旬	平均气温（℃）	降水量（mm）	日照时数（h）	月份	旬	平均气温（℃）	降水量（mm）	日照时数（h）
1 月	上旬	3.9	18	40	7 月	上旬	26.3	80	43
	中旬	3.4	20	39		中旬	27.5	62	57
	下旬	3.0	17	49		下旬	28.8	38	87
2 月	上旬	3.6	12	46	8 月	上旬	28.5	61	72
	中旬	5.1	22	46		中旬	27.5	56	66
	下旬	6.4	16	41		下旬	26.4	64	64
3 月	上旬	7.4	19	50	9 月	上旬	25.1	30	64
	中旬	9.2	28	51		中旬	23.5	46	54
	下旬	10.3	27	56		下旬	21.8	27	57
4 月	上旬	12.6	21	58	10 月	上旬	19.9	29	56
	中旬	14.4	23	59		中旬	18.3	9	58
	下旬	16.5	25	63		下旬	16.3	20	59
5 月	上旬	18.3	24	62	11 月	上旬	14.7	16	53
	中旬	19.7	25	62		中旬	12.1	18	45
	下旬	21.2	34	64		下旬	10.0	22	44
6 月	上旬	22.4	41	53	12 月	上旬	7.5	13	45
	中旬	23.7	50	51		中旬	5.5	12	46
	下旬	24.7	93	36		下旬	4.6	13	50

表 6.18 1991—2020 年南京地区旬气候平均值

月份	旬	平均气温(℃)	降水量(mm)	日照时数(h)	月份	旬	平均气温(℃)	降水量(mm)	日照时数(h)
1月	上旬	3.9	18	40	7月	上旬	26.3	80	43
	中旬	3.4	20	39		中旬	27.5	62	57
	下旬	3.0	17	49		下旬	28.8	38	87
2月	上旬	3.6	12	46	8月	上旬	28.5	61	72
	中旬	5.1	22	46		中旬	27.5	56	66
	下旬	6.4	16	41		下旬	26.4	64	64
3月	上旬	7.4	19	50	9月	上旬	25.1	30	64
	中旬	9.2	28	51		中旬	23.5	46	54
	下旬	10.3	27	56		下旬	21.8	27	57
4月	上旬	12.6	21	58	10月	上旬	19.9	29	56
	中旬	14.4	23	59		中旬	18.3	9	58
	下旬	16.5	25	63		下旬	16.3	20	59
5月	上旬	18.3	24	62	11月	上旬	14.7	16	53
	中旬	19.7	25	62		中旬	12.1	18	45
	下旬	21.2	34	64		下旬	10.0	22	44
6月	上旬	22.4	41	53	12月	上旬	7.5	13	45
	中旬	23.7	50	51		中旬	5.5	12	46
	下旬	24.7	93	36		下旬	4.6	13	50

表 6.19 1991—2020 年镇江地区旬气候平均值

月份	旬	平均气温(℃)	降水量(mm)	日照时数(h)	月份	旬	平均气温(℃)	降水量(mm)	日照时数(h)
1月	上旬	3.6	18	41	4月	上旬	13.7	24	57
	中旬	3.0	19	38		中旬	15.6	26	58
	下旬	2.9	17	49		下旬	17.7	26	63
2月	上旬	3.9	12	46	5月	上旬	19.6	32	62
	中旬	5.3	24	46		中旬	20.9	29	61
	下旬	6.8	17	39		下旬	22.5	29	64
3月	上旬	8.0	20	48	6月	上旬	23.7	46	51
	中旬	9.9	29	49		中旬	24.9	53	55
	下旬	11.1	31	55		下旬	25.5	92	39

续表

月份	旬	平均气温（℃）	降水量（mm）	日照时数（h）	月份	旬	平均气温（℃）	降水量（mm）	日照时数（h）
7 月	上旬	26.9	95	45	10 月	上旬	19.8	25	56
	中旬	28.0	71	57		中旬	18.2	12	55
	下旬	29.4	42	85		下旬	16.1	21	58
8 月	上旬	28.9	58	69	11 月	上旬	14.3	17	55
	中旬	27.8	53	62		中旬	11.6	17	48
	下旬	26.5	48	61		下旬	9.4	22	44
9 月	上旬	25.2	22	59	12 月	上旬	7.0	13	46
	中旬	23.5	30	53		中旬	5.2	13	45
	下旬	21.8	28	57		下旬	4.4	13	51

表 6.20　1991—2020 年常州地区旬气候平均值

月份	旬	平均气温（℃）	降水量（mm）	日照时数（h）	月份	旬	平均气温（℃）	降水量（mm）	日照时数（h）
1 月	上旬	3.9	20	39	7 月	上旬	27.4	97	47
	中旬	3.4	23	35		中旬	28.5	62	62
	下旬	3.3	20	47		下旬	29.9	43	87
2 月	上旬	4.2	15	45	8 月	上旬	29.4	54	71
	中旬	5.7	25	43		中旬	28.3	50	64
	下旬	7.1	22	37		下旬	27.0	49	61
3 月	上旬	8.4	23	47	9 月	上旬	25.6	25	59
	中旬	10.2	31	46		中旬	23.9	32	53
	下旬	11.5	33	53		下旬	22.1	31	55
4 月	上旬	14.1	28	55	10 月	上旬	20.1	28	56
	中旬	16.0	32	55		中旬	18.5	10	54
	下旬	18.1	29	61		下旬	16.5	21	56
5 月	上旬	20.1	30	60	11 月	上旬	14.7	16	54
	中旬	21.3	37	59		中旬	11.9	17	45
	下旬	22.8	33	63		下旬	9.8	23	42
6 月	上旬	23.9	48	51	12 月	上旬	7.3	13	44
	中旬	25.1	61	53		中旬	5.5	14	43
	下旬	25.8	98	39		下旬	4.8	13	47

表 6.21 1991—2020 年无锡地区旬气候平均值

月份	旬	平均气温（℃）	降水量（mm）	日照时数（h）	月份	旬	平均气温（℃）	降水量（mm）	日照时数（h）
1 月	上旬	4.1	21	39	7 月	上旬	27.3	92	45
	中旬	3.6	26	35		中旬	28.5	64	59
	下旬	3.4	22	47		下旬	29.8	41	85
2 月	上旬	4.2	16	46	8 月	上旬	29.4	61	69
	中旬	5.8	27	44		中旬	28.3	58	62
	下旬	7.2	23	38		下旬	27.1	62	59
3 月	上旬	8.4	24	47	9 月	上旬	25.7	31	59
	中旬	10.2	30	45		中旬	24.0	38	50
	下旬	11.5	35	52		下旬	22.3	31	54
4 月	上旬	14.0	28	55	10 月	上旬	20.2	34	54
	中旬	15.8	30	54		中旬	18.6	11	54
	下旬	18.0	29	60		下旬	16.6	22	56
5 月	上旬	19.8	32	59	11 月	上旬	14.8	17	52
	中旬	21.1	34	58		中旬	12.1	19	44
	下旬	22.6	37	62		下旬	10.1	24	43
6 月	上旬	23.7	50	51	12 月	上旬	7.6	15	44
	中旬	24.9	66	50		中旬	5.7	15	44
	下旬	25.7	99	37		下旬	5.0	14	49

表 6.22 1991—2020 年苏州地区旬气候平均值

月份	旬	平均气温（℃）	降水量（mm）	日照时数（h）	月份	旬	平均气温（℃）	降水量（mm）	日照时数（h）
1 月	上旬	4.6	20	37	4 月	上旬	14.0	27	54
	中旬	4.1	25	33		中旬	15.8	27	53
	下旬	3.9	22	44		下旬	17.8	29	59
2 月	上旬	4.7	16	43	5 月	上旬	19.8	26	59
	中旬	6.1	27	42		中旬	21.1	33	57
	下旬	7.5	24	36		下旬	22.4	37	60
3 月	上旬	8.5	26	46	6 月	上旬	23.4	47	49
	中旬	10.4	29	45		中旬	24.7	61	46
	下旬	11.6	33	53		下旬	25.6	99	35

续表

月份	旬	平均气温（℃）	降水量（mm）	日照时数（h）	月份	旬	平均气温（℃）	降水量（mm）	日照时数（h）
7 月	上旬	27.5	81	46	10 月	上旬	20.7	32	53
	中旬	28.6	52	60		中旬	19.1	10	55
	下旬	29.9	33	89		下旬	17.2	23	55
8 月	上旬	29.5	64	72	11 月	上旬	15.5	16	50
	中旬	28.5	51	64		中旬	12.9	19	42
	下旬	27.4	54	62		下旬	10.8	23	41
9 月	上旬	26.0	30	60	12 月	上旬	8.2	15	43
	中旬	24.3	43	51		中旬	6.3	16	42
	下旬	22.6	27	53		下旬	5.5	15	46

参考文献

刁春友,朱叶芹,2006.农作物主要病虫害预测预报与防治[M].南京:江苏科学技术出版社.

江苏省气象局,2019a.农作物冷害和冻害分级:DB 32/T 3524—2019[S].北京:气象出版社.

江苏省气象局,2019b.冬小麦湿渍害分级:DB 32/T 3557—2019[S].北京:气象出版社.

孔维财,高苹,徐敏,2021.油菜低温冻害天气指数保险研究[J].江苏农业科学,49(7):244-248.

农业部种植业管理司,2016.水稻高温热害鉴定与分级:NY/T 2915—2016[S].北京:气象出版社.

钱晖,魏丽华,陈进红,2018.德清县水稻生产气象服务技术的研究与应用[J].浙江农业科学,59(11):1980-1984.

全国农业气象标准化技术委员会,2015.农业干旱等级:GB/T 32136—2015[S].北京:气象出版社.

全国农业气象标准化技术委员会,2019.水稻热害气象等级:GB/T 37744—2019[S].北京:气象出版社.

王道泽,洪文英,吴燕君,等,2017.水稻主栽品种和气象因素对稻瘟病田间流行的影响[J].浙江农业学报,29(5):791-798.

吴媛媛,2021.大豆常见病虫害的发生与防治[J].乡村科技,12(27):67-68.

邢艳,王军,杨娟,等,2021.水稻稻曲病的发生规律及防治方法[J].植物医生,34(4):67-71.

徐敏,徐经纬,高苹,等,2015.江苏水稻障碍型冷害时空变化特征及敏感性分析[J].气象,41(11):1367-1373.

徐敏,高苹,刘文菁,等,2017.水稻稻曲病气象等级预报模型及集成方法[J].江苏农业科学,45(17):95-98.

徐敏,高苹,徐经纬,等,2019.江苏小麦赤霉病综合影响指数构建及时空变化特征[J].生态学杂志,38(6):1774-1782.

徐敏,高苹,2020a.小麦赤霉病气象等级预报方法[M].北京:气象出版社.

徐敏,徐经纬,谢志清,等,2020b.随机森林机器算法在江苏省小麦赤霉病病穗率预测中的应用[J].气象学报,78(1):143-153.

徐敏,孔维财,徐经纬,等,2021a.基于游程理论和CWDIa的农业干旱时空特征分析[J].江苏农业学报,37(2):362-372.

徐敏,赵艳霞,张顾,等,2021b.基于机器学习算法的冬小麦始花期预报方法[J].农业工程学报,37(11):162-171.

徐云,高苹,缪燕,等,2016.江苏省小麦赤霉病气象条件适宜度判别指标[J].江苏农业科学,44(8):188-192.

叶婵,2022.油菜菌核病与根肿病的发生及防治措施[J].农家参谋(11):61-63.